Mathematical Theories of Machine Learning - Theory and Applications

机器学习的数学理论

[中] 史斌（Bin Shi）
[美] S.S. 艾扬格（S.S.Iyengar）◎ 著

李飞 赵文飞 王希彬 刘涛 刘伟 甄伟 ◎ 译

图书在版编目（CIP）数据

机器学习的数学理论 / 史斌，（美）S. S. 艾扬格（S. S. Iyengar）著；李飞等译．—北京：机械工业出版社，2020.8（2025.1 重印）
（智能科学与技术丛书）
书名原文：Mathematical Theories of Machine Learning-Theory and Applications

ISBN 978-7-111-66136-8

I. 机…　II. ① 史…　② S…　③ 李…　III. 机器学习 - 数学理论　IV. TP181

中国版本图书馆 CIP 数据核字（2020）第 128849 号

北京市版权局著作权合同登记　图字：01-2020-1327 号。

本书重点研究机器学习的数学理论。第一部分探讨了在非凸优化问题中，选择梯度下降步长来避免严格鞍点的最优性和自适应性。第二部分提出了在非凸优化中寻找局部极小值的算法，并利用牛顿第二定律在一定程度上得到无摩擦的全局极小值。第三部分研究了含有噪声和缺失数据的子空间聚类问题，这是一个由随机高斯噪声的实际应用数据和含有均匀缺失项的不完全数据激发的问题；还提出了一种新的具有粘性网正则化的 VAR 模型及其等价贝叶斯模型，该模型既考虑了稳定的稀疏性，又考虑了群体选择。

本书可作为本科生或研究生的入门教材。对于希望进一步加强对机器学习的理解的教授、行业专家和独立研究人员来说，本书也是极佳的选择。

出版发行：机械工业出版社（北京市西城区百万庄大街 22 号　邮政编码：100037）
责任编辑：柯敬贤　　责任校对：李秋荣
印　刷：北京建宏印刷有限公司　　版　次：2025 年 1 月第 1 版第 4 次印刷
开　本：185mm×260mm　1/16　　印　张：10.5
书　号：ISBN 978-7-111-66136-8　　定　价：69.00 元

客服电话：(010) 88361066　68326294

译者序

随着科技的发展和经济的进步，人工智能技术的发展所带来的效益愈发凸显，越来越多的企业和学者将目光转向人工智能相关技术。机器学习算法作为最基础的人工智能算法之一，对人工智能技术的发展起到了关键作用。研究机器学习的数学基础具有非凡的意义，能够为深度学习等人工智能技术提供源源不断的前进动力，因此该领域的研究一直是非常有吸引力的。

作者史斌博士在机器学习的数学基础算法方面有着很深的造诣，其研究成果也得到了很多学者的引用和认可。本书总结了史斌博士的部分研究成果，定能推动机器学习技术的发展。但是本书专业性较强，需要读者具有一定的数学基础。另外，在阅读本书之前读者最好具备一定的机器学习算法基础。当然，机器学习初学者也可以通过本书来快速了解机器学习相关算法中非常核心的研究领域。

本书的翻译工作由海军航空大学和 92212 部队的机器学习研究者共同完成。由于工作繁忙，所以对翻译工作进行了分工，其中第 1～3 章由赵文飞博士完成，第 4 章由王希彬博士完成，第 5 章由刘涛博士完成，第 6 章由刘伟博士完成，第 7 章由甄伟完成，第 8～11 章由李飞博士完成。全书由李飞和赵文飞进行了翻译风格上的统一。

由于本书专业性强，个别专业术语的翻译可能无法完全体现作者的原意，衷心希望各位读者批评指正。

译者

2020 年 4 月

序 言

本书将对机器学习领域产生重大影响。目前已经有一些书讨论了不同类别的机器学习技术，而本书深入研究的是机器学习算法的数学基础。这是很有必要的，因为从业者和学者都必须有一种方法来衡量大量算法应用的有效性。

本书的主要贡献之一是讨论了凸约束-稀疏子空间聚类(CoCoSSC)。一些机器学习方法的优劣取决于最速下降方法的收敛性，当目标函数为非凸目标(或凸约束目标)时，CoCoSSC 方法设计的梯度下降方法具有更快的收敛性。

有许多应用将受益于这一基础工作，应用于网络安全的机器学习就是这样一种应用。在实际应用中，其目标是减少网络分析师无法承受的数据量。具体而言，有一些例子表明，基于最速梯度下降的逻辑回归分类器有助于在数据库里将相关的网络主题与非网络主题分离开来。另一个类似的应用是识别被利用的恶意软件，该恶意软件是大型漏洞数据库的子集。

此外，人工智能有可能给许多行业带来革命性的改变，例如无人驾驶汽车、金融、国家安全、医药和电子商务等应用领域。本书将深入挖掘以上应用中所蕴含的凸约束优化技术的数学原理，该原理同样适用于作为机器学习算法基础的最速下降优化。

戴维·R. 马丁内斯

波士顿，马萨诸塞州

致 谢

Mathematical Theories of Machine Learning-Theory and Applications

非常感谢李涛教授对机器学习的贡献，以及他在本书内容编写的早期阶段给予的指导和建议。也特别感谢来自卡内基梅隆大学、加州大学圣塔芭芭拉分校、迈阿密大学以及南加州大学的所有合作者，他们关于本书给出了宝贵的意见和建议。正是这些意见和建议，激励着我们成功地完成了本书。更重要的是，要感谢 Yining Wang、Jason Lee、Simon S. Du、Yuxiang Wang、Yudong Tau 和 Wentao Wang 对本书的评论和贡献，其中许多研究成果已提交各种会议和期刊发表。所以，感谢这些出版商的支持。

还要对佛罗里达大学的所有其他合作教师(特别是 Kianoosh G. Boroojeni 博士)以及 Sanjeev Kaushik Ramani 等研究生表示衷心的感谢，本书顺利出版离不开他们的帮助和支持。感谢 IBM Yorktown Heights、Xerox、美国国家科学基金会和其他机构为开展这项研究提供的资金支持。本书的大部分内容都来自史斌的研究工作。

前 言

Mathematical Theories of Machine Learning-Theory and Applications

机器学习是一种核心的、变革性的方式，通过它，我们可以重新思考我们正在做的一切。我们正在深思熟虑地将它应用到所有的产品中，无论是搜索、广告、YouTube还是游戏。虽然刚刚起步，但你会看到我们如何系统地思考将机器学习应用到所有这些领域。

——Sundar Pichai，谷歌首席执行官

机器学习及相关技术是最有趣的研究课题之一，它有可能改变世界的发展方向。然而，在目前的研究现状中，机器学习的研究还没有一个坚实的理论框架，不能为分析提供基础，也不能为实验运行提供指导。本书试图确定并解决在现代机器学习、人工智能、深度神经网络等方面具有重大研究兴趣的各个领域中存在的问题，这些技术可以完成非凡的任务，但是如何使用它们高度依赖的基本概念仍然是一个谜。梯度下降法是一种广泛应用于神经网络训练的方法。当使用梯度下降法时，无论是收敛到局部最小值还是全局最小值，都存在的一个挑战是缺乏关于该算法何时收敛的指导性准则。本书试图解决这个关键问题。本书为读者提供了新的理论框架，可以用于收敛性分析。

本书也代表了作者和合作者在机器学习领域数学方面的重大贡献。在整本书中，我们确保读者能够很好地理解和感受梯度下降技术的理论框架，以及在神经网络训练中使用这些理论框架的方法。为了强调这一点，书中使用了我们最近的一些研究成果，以及其他研究人员正在探索的综合成果。当阅读本书的各个章节时，读者会接触到各种非常重要的应用，比如子空间聚类和时间序列分析。本书力求达到理论与应用的平衡，因此，书中会同时给出理论以及相关应用。我们希望在机器学习领域为读者提供正确的工具，使阅读更加精彩，同时对读者产生巨大的影响。

与诸如Goodfellow、Bengio和Courville的《深度学习》等现有书籍相比，本书更深入地定义和展示了梯度下降领域的最新研究成果，使之成为学生和专业人士更为全面的工具。此外，本书还将这些概念与诸如子空间聚类和时间序列数据之类的应用联系起来，使其成为该领域中更好的选择。

本书的目标读者涵盖从事机器学习的所有人，无论是学生、教授、行业专家，还是独立研究人员。编撰本书的目的是为日常研究活动提供一本方便的手册。

本书分为几个独立的部分，以便读者首先接触到机器学习、神经网络、优化、梯度下降法等基本概念。在接下来的内容中，读者可以学习和理解选择梯度下降步长的最优性和自适应性，从而避开非凸优化问题中的严格鞍点。当所有鞍点都是严格的时，我们首先给出寻找局部最小值的梯度下降法的一个最大允许固定步长，它是梯度利普希茨常数($1/L$)的2倍。虽然在最坏情况下步长大于$2/L$的梯度下降法发散，但是对于严格的鞍形非凸优化问题，我们同样得到了梯度下降法的最优步长。其中一个重要的结果是只要梯度下降的诱导映射是局部微分同胚的，就可以确保算法收敛到严格鞍点的勒贝格测度为0，而以前的研究工作都要求这个映射是全局微分同胚的。其次，我们还考虑了步长的自适应选择，证明如果每次迭代的步长与局部梯度利普希茨常数的倒数成正比，梯度下降法不会收敛到任何严格鞍点。据我们所知，这是第一个揭示变步长梯度下降法也可以避开鞍点的研究成果，应用动力系统理论中Hartman积映射定理的推广可以证明这一点。

本书还定义和阐述了用于在非凸优化方案中寻找局部最小值的算法，从而帮助我们获得在某种程度上符合无摩擦牛顿第二定律的全局最小值。基于辛欧拉算法，以运动中可观察和可控制的速度为关键观测量，模拟了无摩擦的牛顿第二定律，并从解析解的直观分析出发，对该算法的高速收敛性进行了理论分析。最后，给出了高维强凸、非强凸和非凸函数的实验结果。本书还描述了一些离散算法，这些算法将用于测试速度或动能的可观测性和可控性，以及人工耗散能量。

此后又研究了含有噪声和缺失数据的问题子空间聚类，这是一个很有实际应用价值的问题。考虑到应用中具有随机高斯噪声和具有一致缺失项的不完整数据，我们的主要贡献是 CoCoSSC——一种受 CoCoLasso 启发的新颖的噪声子空间聚类方法。值得注意的是，CoCoSSC 在将输入数据传递到 Lasso SSC 算法之前，使用了一种基于半正定规划的预处理步骤来“去偏”和“去噪”，这使得它更加稳定，并且是一个 L_1 标准化的自回归模型。我们从理论上证明了即使有 $1-\Omega(n^{-2/5})$ 比例的数据缺失，同时又被信噪比(SnR)为 $n^{-1/4}$ 的加性高斯噪声干扰，CoCoSSC 仍能正常工作。与已知的只能处理恒定比例的数据丢失和 $n^{-1/6}$ 的高斯噪声信噪比的算法相比，CoCoSSC 算法的效率有了显著的改善。与现有的粒子学习方法相比，我们的方法改进了粒子学习的样本完全推理策略。对合成的和实际的时间序列数据的大量实证研究，表明了该方法的有效性和高效率，同时有效的数值计算结果也证明了我们提出的算法的有效性和高效率。

史斌，加州大学伯克利分校

S. S. 艾扬格，迈阿密大学

史斌(Bin Shi)博士 目前是加州大学伯克利分校的博士后研究员。他的研究重点是机器学习理论，特别是机器学习中的优化理论。史斌博士2006年毕业于中国海洋大学应用数学专业，获理学学士学位；2008年至2011年师从复旦大学袁小平教授学习现代常微分方程理论，并接受严格的数学训练；2011年获复旦大学数学专业和麻省大学达特茅斯分校理论物理专业理学双硕士学位。他的研究兴趣集中在统计机器学习和优化，以及一些理论计算机科学，他的研究成果已发表在NIPS OPT-2017研讨会和*INFORMS Journal on Optimization*(机器学习特刊)上。

S. S. 艾扬格(S. S. Iyengar)博士 是迈阿密佛罗里达国际大学杰出的大学教授、杰出的Ryder教授和计算与信息科学学院院长，是分布式传感器网络/传感器融合、机器人技术计算领域以及高性能计算领域的先驱。

他曾是印度科学理工学院(IISC)班加罗尔分校的Satish Dhawan教授，以及泰米尔纳德邦Kalpakkam IGCAR的Homi Bhabha教授，还曾是巴黎大学、清华大学、KAIST等的客座教授。

他发表研究论文600余篇，在MIT出版社、John Wiley & Sons出版社、Prentice Hall出版社、CRC出版社、Springer Verlag出版社等出版22部专著，这些出版物已在世界各地的重点大学使用。他拥有许多专利，其中一些专利还出现在得克萨斯州达拉斯市举办的世界最佳技术论坛上。他的研究出版物涉及高效算法、并行计算、传感器网络和机器人的设计与分析。在过去的40年里，他指导了55名博士生、100名硕士生和许多本科生，这些学生现在遍布世界各地，有的是重点大学的教师，有的是国家实验室/工业领域的科学家或工程师。他的许多本科生仍在从事他的研究项目。最近，艾扬格博士获得了Times Network媒体集团评选的2017年度非居民印度人奖，这是一个为全球印度领导人设立的著名奖项。

艾扬格博士是欧洲科学院成员，IEEE、ACM、AAAS、美国国家发明家科学院(NAI)、美国设计与工艺学会(SPDS)、美国工程师学会(FIE)、美国医学与生物工程学会(AIMBE)的高级或资深会员。由于对传感器融合算法和并行算法的贡献，他获得了班加罗尔印度科学研究所的杰出校友奖和IEEE计算机协会技术成就奖。他还在喷气推进实验室获得了IBM杰出教师奖和NASA夏季奖学金。他是2010年得克萨斯州奥斯汀市跨学科学习与高级研究学院的研究员。

他获得了各种国内和国际奖项，包括Times Network媒体集团评选的2017年度非居民印度人奖、2013年美国国家发明家科学院院士奖、2013年伦敦上议院的NRI圣雄甘地·普拉瓦西奖章，以及国际敏捷制造协会(ISAM)授予的终身成就奖，以表彰他在教学、研究和管理领域的杰出成就以及对印度理工学院(BHU)在工程和计算机科学领域做出的毕生贡献。2012年，他和Nulogix荣获2012年佛罗里达创新-产业奖(i2i)。因在传感器网络、计算机视觉和图像处理领域的研究，他获得了厦门大学颁发的杰出研究奖。他与他的研究小组的里程碑式的贡献，包括在分布式传感器网络中开发用于监视和目标定位的网格覆盖与Brooks-Iyengar融合算法。他获得了富布赖特杰出研究奖，以及2019年IEEE智能和安全信息学研究领导奖；在第25届国际IEEE高性能计算会议(2019年)上，因其对分布式传感器网络的贡献而获得终身成就奖，该奖由Infosys的联合创始人Narayana Murthy博士颁发；获得佛罗里达州青光眼装置创新技术工业创新奖、LSU Rainmaker奖，以及杰出研究硕士奖。他还被授予荣誉理工科博士学位。他在世界上许多公司和大学的顾问委员会任职，还曾在许多国家科学委员会任职，如美国国立卫生研究院生物信息学国家医学图书馆、国家科学基金会评审小组、美国宇航局空间科学、国土安全部、海军安全办公室等。他对美国海军研究实验室的贡献是一项开拓性工作的核心，该项工作旨在为科学技术发展图像分析，并扩大美国海军研究实验室的目标。

他的研究成果可以在多家公司和多个国家实验室中看到，如雷神公司、Telcordia公司、摩托罗拉公司、美国海军、DARPA和其他美国机构。他在DARPA与BBN、剑桥、马萨诸塞、MURI、PSU / ARL、杜克大学、威斯康星大学、加州大学洛杉矶分校(UCLA)、康奈尔大学和LSU的研究人员项目演示中做出了重要贡献。他也是*International Journal of Distributed Sensor Networks*的创刊编辑。他曾是多家期刊的编委会成员，也是多所大学的博士委员会成员，包括卡内基梅隆大学(CMU)、杜克大学和世界各地的许多其他大学。他目前是*ACM Computing Surveys*等期刊的编辑。

他还是FIU发现实验室的创始主任。他的研究成果被广泛引用。他的基础工作已经转化为独特的技术。在长达40年的职业生涯中，艾扬格博士以一种独特的方式致力于运用数学形态学来定量地理解计算过程，并将其应用于许多领域。

目 录

Mathematical Theories of Machine Learning-Theory and Applications

第二部分　机器学习的数学框架：理论部分

第三部分　机器学习的数学框架：应用部分

第一部分

Mathematical Theories of Machine Learning-Theory and Applications

引　言

绪　论

根据使用环境和学习过程中涉及的各种对象，学习具有各种各样的定义。为了适应周围环境的变化，机器也需要学习，这导致了这一领域的兴起，称为“机器学习”。机器可以通过它外部结构的变化、必须响应的数据/输入以及它所要执行的程序/功能来学习和预测未来的结果。这构成了现代人工智能(基于人工智能)系统所需要的各种复杂计算能力的基础，包括处理模式识别、数据诊断、控制系统或环境、规划活动等方面的计算。

作为一个研究领域，由于与统计学、人工智能以及其他领域中概念和方法的不断融合，机器学习(ML)随着时间的推移而不断发展。机器学习的一个重要特征是其设计和定义的算法可以轻松处理非常复杂的数据集，并提供准确的预测和帮助破译新知识。然而，有一个非常基本的问题就是为什么需要这种要求机器学习并能更有效处理日常情况的预测模型，具体理由如下：

- 人类会不断更新对周围环境的认识，因此能够针对所面临的各种情况做出适当的决策。让机器了解周围环境，从而以类似的方式适应各种情况，这将有助于提高它们的决策能力。
- 新技术导致了数据的产生和爆炸式增长。然而需要指出的是，这些数据大多数都是高度非结构化的，因此很难设计一个有效的处理程序。如果有一台机器能够以输入和历史输出作为训练数据，并能够感知和学习，就可以避免重复设计。
- 在制造机器时，很难预测它将在什么样的环境下工作，而为完成特定任务而定制一台机器的成本非常高。这也为机器的需求提供了一个强有力的理由，这些机器可以适应、修改和改变它们的工作方式，从而实现与社会和数据源系统的无缝集成。

- 识别不同类型数据之间的关系在预测问题中也起着至关重要的作用。在某些情况下，即使是人类，也很难处理和识别所有数据之间的关系。机器学习算法为识别关系提供了理想的工具，从而抽象并预测可能的结果。

随着机器学习算法对统计学和人工智能的依赖，以及与各种各样的理论和模型无缝融合，机器学习变得越来越繁荣，应用领域越来越广泛，其中一些领域如下所示：

- **在控制理论科学中的进展：** 处理未知参数时需要更好的估计，这些估计可以从控制论的概念中推导出来。该系统还应该能够适应和跟踪处理过程中发生的变化。
- **认知和心理模型：** 学习速度和学习效率因人而异，研究这些变化以及这些变化的基础为设计更适合应用的稳定算法铺平了道路。这些方面可以利用机器学习来实现。
- **进化论：** 众所周知的进化论致力于定义和识别人类和其他物种的进化方式，也为各种应用的机器学习算法的设计提供了必要的输入和研究方向。此外，大脑的发展和活动也有助于定义更好的神经网络和深度学习算法。

1.1 神经网络

这一领域许多研究人员的工作揭示了将非线性元素及其网络与权重联系起来的各种好处，这些元素的权重可以改变，从而对机器学习算法的工作方式产生重大影响。这样设计的网络形成了神经网络。神经网络本身已经有了大量的应用，并且一直是研究人员感兴趣的课题。这些神经网络和实际生物神经系统及其相关神经元和神经网络之间的相似之处，使得设计和识别各种问题的解决方案变得更加容易。

神经网络由多层计算单元和类似于人类神经系统神经元的元素组成，它们执行必要的计算。计算的结果是将原始输入转换为预期或可预测的输出，以供进一步使用。每个单元(也称为神经元)将接收到的输入与预先定义的可变权重相乘，执行计算，并将结果转发到下一层。神经元汇总前一层神经元的各种结果，调整权重和偏差，使用激活函数对结果进行标准化，然后将其作为输入。如图1-1所示。

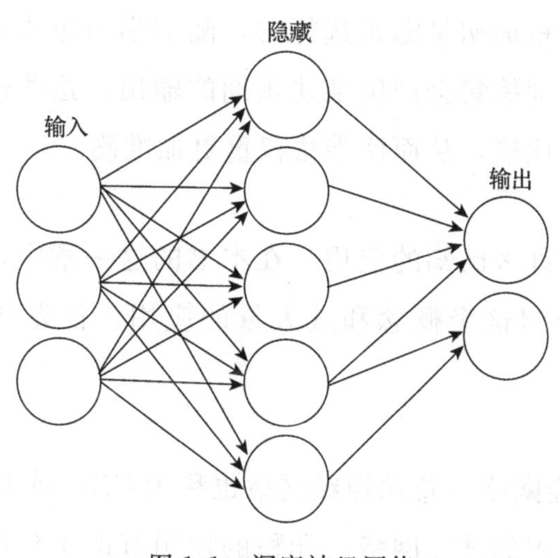

图1-1 深度神经网络

迭代学习过程

神经网络在应用中的一个显著特征是学习以迭代的方式进行，每一层的神经元根据从前一层接收到的输入信息进行操作和调整。它还调整要应用的权重，以及中和或调整偏差和值的标准化。这些在每次迭代中都会发生，并且是“学习过程”的一部分。该网络会尝试一些可能的值来确定最佳拟合，然后使用它来训练输入样本。

神经网络有许多已知的优点和应用。其中一些重要的优点包括：对于损坏的数据输入，具有较高的容错能力，并且容易适应与训练数据集不同的新数据。由于这些优点，在我们的日常计算中有许多流行的神经网络算法，“反向传播算法”便是其中之一。

在使用神经网络的初始阶段包括建立训练数据集并在训练过程中使用它，这是学习阶段，在这个阶段，网络系统学习各种输入数据的类型和样本并进行分类，然后将它们分类为已知样本，这些样本可在处理实际数据集时使用。在操作数据时，将初始权重应用于这些数据。其中一些权重最初是随机选择的，随着学习过程的进行，它们会被优化和改变。训练集会产生某些预期的输出，这些输出将与隐藏层中的每一层进行比较，从而使乘法权重更加准确。

神经网络有许多已知的应用。在本书的这一章中，我们选择了一个应用列表来介绍这个概念和其大量的应用。首先从卷积神经网络开始。

A. 卷积神经网络 卷积神经网络也称为CNN或ConvNets，它是在计算中使用卷积的神经网络。卷积的使用有助于分离和提取某些特征，因此CNN在图像处理和计算机视觉领域中有许多应用。从现代智能手机的面部识别功能，到许多公司雄心勃勃的自动驾驶汽车项目中的导航模块，特征提取有助于在非常广泛的应用中进行模式识别。

专业学习和足够的训练数据集将有助于应用程序识别感兴趣的区域(ROI)和其余部分。实际上有多种方法可以加速这个过程，从而获得更好的性能。隐藏层的功能为CNN提供了更多的选择，可以提高使用这类算法时的容错能力。

B. 循环神经网络 神经网络的一个重要应用是处理数据序列，从而预测未来的结果，这是由循环神经网络实现的，有时也称为RNN。RNN在自然语言处理的应用中非常流行。RNN使用序列数据，这是传统神经网络的升级版本，它假定每一层的数据是独立的。RNN的工作方式是对所有输入元素循环执行相同的一组操作/函数，因此输出非常依赖于先前的输入。这是一种有记忆的神经网络变体之一，可以处理超长的序列。

RNN假定期望的预测值作为输出是概率性的。典型的RNN如图1-2所示，除了NLP的用法之外，另一个例子就是用它来预测股票在市场上的表现。

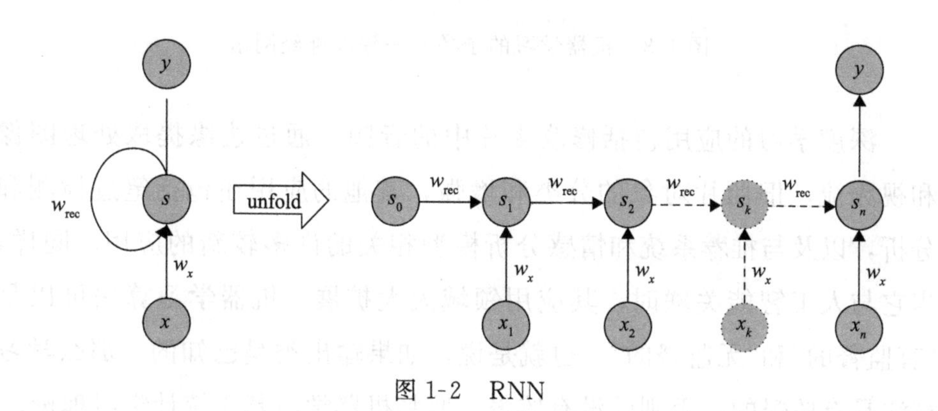

图1-2 RNN

1.2 深度学习

深度学习是机器学习的另一个分支，目前已经发现它有大量的应用并得到了学者的高度关注。深度学习是基于人脑的思维方式来设计和构造数据处理的一种ML衍生方法。它涉及许多神经网络的概念。如图1-3所示。

深度学习采用生物学大脑的思维方式处理数据输入，将输入方式和方法转化为高度抽象和聚合的表现形式。以图像处理为例，原始图像或视频流输入到各个层中并进行不同的处理，得到最优编码，从而完成学习。因此，该系统适合于对较新的数据集进行预测或执行更复杂的操作。

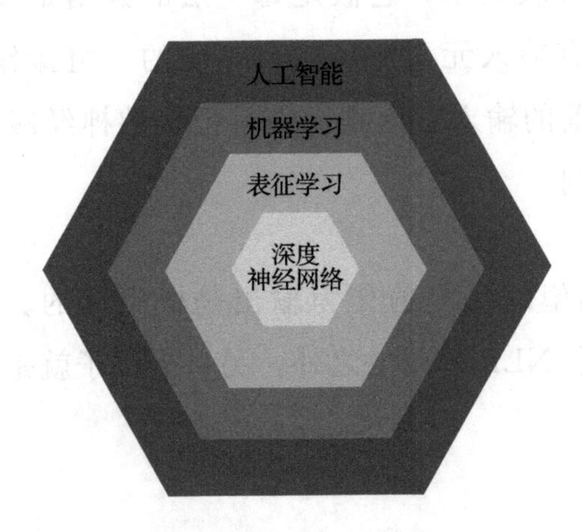

图 1-3 机器学习的子类——深度神经网络

深度学习的应用包括修改影片中的音频、通过边缘提取处理图像和视频流、旧照片对象的分类和增强，其他的应用还包括笔迹检测和分析，以及与推荐系统和情感分析模型相关的许多较新的应用。同样，当它与人工智能关联时，其应用领域大大扩展。机器学习算法可以是“有监督的”和“无监督的”，也就是说，如果输出类是已知的，那么学习算法是有监督的，否则就没有监督。监督机器学习基于统计学习理论。

1.3 梯度下降法

到目前为止，梯度下降法(GD)是目前研究人员在机器学习和深度学习中使用的主要优化方法之一。本书将讨论一些新颖的技术，这将帮助我们在更多的可视化应用中更好地理解和使用梯度下降法，它在设计 ML 算法的训练阶段具有重大影响。凸函数的 GD 是随着函数参数递增，函数值不断减少，直到获得局部最小。总的来说，GD 是求函数最小值的优化算法。

根据梯度下降算法处理输入和工作方式，其分类如下：

1.3.1　批量梯度下降法

批量梯度下降法(BGD)步骤简单，步长小，每次迭代都要计算每个输入数据集在训练期间的误差，因此也称为vanilla(简单)梯度下降法。它采用了一种循环处理的形式，从而使模型更新具有一致性。由于它发生在训练阶段，所以也称为训练周期。

批量梯度下降法有一系列优势，其中最重要的是它提高了效率，使误差趋于稳定，并加快了收敛速度。当然，批量梯度下降法也有一些缺点，如早期稳定的误差收敛值可能不是最好的，但这并不妨碍它的整体收敛。另一个主要缺点是该算法需要消耗大量的内存，如果内存不足这个算法就无法正常运行。

1.3.2　随机梯度下降法

随机梯度下降法(SGD)是梯度下降法的另一种类型。随机梯度下降算法每次只随机选择一个样本来更新模型参数，因此，SGD比BGD更快。然而，频繁更新每个输入会花费昂贵的计算代价。事实上，根据实际应用情况和需求，可以更改更新的频率。

1.3.3　小批量梯度下降法

研究人员最常用的一种混合算法是小批量梯度下降法。在这个算法中，数据集被分割成更小的批次，并且每个批次都会进行更新。因此，它利用了上述两个方法的优点，同时解决了前面讨论的一些缺点。批量大小和更新频率都可以更改，使其成为许多应用中最著名和最常见的梯度下降方法。

1.4 小结

总体而言，利用机器学习寻求解决方案需要确定问题的类型，这需要通过定义相关的各种参数并提供详细信息来确定。这些信息对于模型的定义和算法选择非常重要，模型将会使用数据集进行训练，从而实现对数据的分类、预测和聚类。

一旦完成了初始训练，便将更接近于实际应用的复杂数据集作为训练输入。创建理想的训练和测试数据集，对于确定模型在实际情况和场景中的性能至关重要。而影响模型(或算法)功能的另一个重要方面是计算所需资源的可用性。

需要注意的是，训练、分类、预测和聚类需要大量的数据，计算量很大。因此，对这些海量数据的分析会消耗大量的计算能力。而上述所有方法将会使所设计的 ML 算法无缝、有效和高效地工作(如图 1-4 所示)。

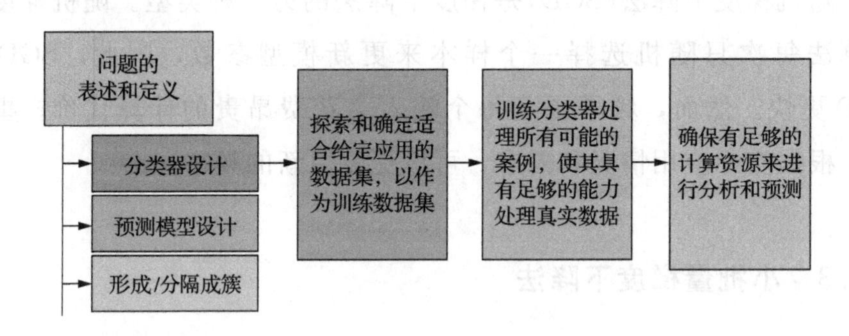

图 1-4 机器学习各阶段概述

1.5 本书结构

目前，机器学习研究只是一个实验性的研究，没有坚实的理论分析和指导。迫切需要一个理论框架。在这种情况下，本书将会成为学生和专业人士欢迎的工具书。

本书包括三部分，循序渐进地帮助读者理解在非凸优化问题中步长选择的最优性和适应性，从而使梯度下降法避开严格鞍点。第一部分将介绍基本概念和对本书框架的描述，以及将在本书中讨论的问题。文中对实验观察结果和衍生的概念作了详细的解释，还讨论了自适应步长选择所产生的变化。其中一个重要的观察结果是每次迭代的步长与局部梯度利普希茨常数的倒数成比例时，梯度下降法将不会收敛到任何严格鞍点。这是得到的第一个结果，表明了变步长的梯度下降法也可以避开鞍点。本书利用动力系统理论中推广的 Hartman 积映射定理证明了这一结论。

第二部分将介绍在非凸优化问题中寻找局部最小值的算法，这将有助于获得全局最小值。通过对解析解的直观分析，我们对所提出算法的高速收敛性进行了理论分析。

最后，我们提出了在这些高维空间中证明强凸、非强凸和非凸函数的仿真程序。本书还描述了离散策略的实现方式，这些策略将用于测试人们如何观察和控制速度或动能，以及人工耗能。

第三部分将介绍一种新的粘性网正则化[㊀]VAR 模型及其等价的贝叶斯模型，该模型同时考虑了稀疏稳定和组选择，以及多个时间序列之间的时变潜交互发现。通过贝叶斯建模和粒子学习的自适应推理策略，我们提出了一种能够捕捉时变时间依赖结构的解决方案。通过对合成时间序列数据和实际应用时间序列数据进行大量的实证研究，我们证明了该方法的合理性和有效性。

㊀ 国内亦有译法为“弹性网络正则化”。——编辑注

的和指导。这可能是一个理论框架。在这种情况下，本书将会成为学生和专业人士欢迎的工具书。

本书包括三部分，创新研究地帮助读者理解在非凸优化问题中找到优秀的最优性和可靠性，从而使得用户能够避开鞍点。第一部分将介绍基本概念和对本书框架的描述，以及将在本书中讨论的问题。文中对凸优化结果和非凸的概念作了详细的解释，还讨论了由适应非长步长所产生的变化。其中一个重要的观察结果是在次迭代的步长与局部梯度利普希茨常数的倒数成比例时，梯度下降法将不会收敛到任何严格鞍点。这是得到的第一个结果，表明了变步长的梯度下降法也可以避开鞍点。本书利用动力系统理论中推广的 Hartman 积映射定理证明了这一结论。

第二部分将介绍在非凸优化问题中寻找局部最小值的算法，这将有助于获得全局最小值。通过对解析解的渐近分析，我们对所提出算法的高速收敛性进行了理论分析。

最后，我们提出了在高维空间中逃离鞍点、非退化和非退化的仿真程序，本书还描述了离散策略的实现方式，这些策略将用于测试人们如何观察特征描述里已知的，以及人工智能。

第三部分将介绍一种新的弹性网正则化①VAR 模型及其等价的贝叶斯模型。该模型同时考虑了精确稳定和组选择，以及各个时间序列之间的时变依赖交互效应。通过贝叶斯模型和基于学习的自适应推理策略，我们提出了一种高效地估计变时间依赖结构的解决方案。通过对合成时间序列数据和实际应用时间序列数据进行大量的实证研究，我们证明了该方法的合理性和有效性。

① 国内流行译法为“弹性网络正则化”。——译者注

通用数学框架

随着当今数据爆炸式的增长，数据科学作为一个年轻的多领域交叉学科应运而生，它利用科学的方法、数据处理、算法和系统从结构化和非结构化各种形式的数据中提取知识和观点。数据科学作为一门越来越流行的学科，急需不断完善和发展，以便可以为社会提供更多地服务和指导。严格来讲，应用数据科学是“融合了统计、数据分析、机器学习及其相关方法的概念”，以便“理解和分析数据的实际现象”。它涉及了数学、统计学、信息科学和计算机科学等领域的技术和理论。

2.1 机器学习与计算统计学

在数据分析领域，机器学习是设计某种复杂模型和算法的方法，通过对已知数据的分析，找到数据之间的内在联系，从而对未知数据进行预测，在商业应用中，这种方法称为预测分析。机器学习这个名字是由 Arthur Samuel 1959 年提出来的，它源于人工智能中模式识别和计算学习理论的研究。计算统计学与机器学习密切相关，它也是通过计算机对数据进行预测与分析的一门学科。

计算统计学这个名称意味着它由两个不可缺少的部分组成：统计推断模型和算法设计。根据假设的不同，统计推断可分为两大学派：频率学派和贝叶斯学派。在这里，我们分别进行简要描述。令 $\mathcal{P}$ 表示一个假设，$\mathcal{O}$ 为可以给 $\mathcal{P}$ 提供证据的观测值。$P(\mathcal{P})$ 表示在没有观测

值 $\mathcal{O}$ 前假设 $\mathcal{P}$ 发生的概率，称之为 $\mathcal{P}$ 的先验概率。$P(\mathcal{P}|\mathcal{O})$ 为给定观测值 $\mathcal{O}$ 时 $\mathcal{P}$ 发生的概率，称为 $\mathcal{P}$ 的后验概率。似然 $P(\mathcal{O}|\mathcal{P})$ 表示假设 $\mathcal{P}$ 成立的情况下 $\mathcal{O}$ 发生的概率。$P(\mathcal{O})$ 称为全概率，可通过下式进行计算：

$$P(\mathcal{O}) = \sum_{\mathcal{P}} P(\mathcal{O}|\mathcal{P})P(\mathcal{P})$$

综合上述概率定义可得到概率论中的贝叶斯公式：

$$P(\mathcal{P}|\mathcal{O}) = \frac{P(\mathcal{O}|\mathcal{P})P(\mathcal{P})}{P(\mathcal{O})} \sim P(\mathcal{O}|\mathcal{P})P(\mathcal{P}) \qquad (2.1)$$

如果我们知道 $P(\mathcal{O}|\mathcal{P})$ 和 $P(\mathcal{P})$ 的值，显然 $P(\mathcal{O})$ 的值很容易计算。如果我们假定一些假设(说明数据条件分布的参数)是正确的，并且观测的数据来自这个分布，即

$$P(\mathcal{P}) = 1$$

在给定特定假设的情况下，频率学派的观点是仅使用数据的条件分布。但是，如果没有假定假设(说明指数据条件分布的参数)是正确的，即假设 $\mathcal{P}$ 存在先验概率

$$\mathcal{P} \sim P(\mathcal{P})$$

贝叶斯学派的观点是综合利用先验信息和样本信息。显然，频率学派的观点是贝叶斯学派观点的一个特例，贝叶斯学派的观点更为全面但是需要更多的信息。

以似然函数方差已知的高斯分布为例，在不丧失一般性的前提下，假设方差 $\sigma^2=1$。换句话说，随机变量 X 分布如下：

$$X \sim P(x \mid \mathcal{P}) = \frac{1}{\sqrt{2\pi}} \mathrm{e}^{\frac{(x-\mu)^2}{2}}$$

其中假设是 $\mathcal{P}=\{\mu \mid \mu \in (-\infty, \infty)$是某个确定的实数$\}$。令数据集 $\mathcal{O}=\{x_i\}_{i=1}^n$，频率学派通常使用最大似然或最大对数似然，即

$$\begin{aligned}
\underset{\mu \in (-\infty, \infty)}{\operatorname{argmax}} f(\mu) &= \underset{\mu \in (-\infty, \infty)}{\operatorname{argmax}} \log P(\mathcal{O} \mid \mathcal{P}) \\
&= \underset{\mu \in (-\infty, \infty)}{\operatorname{argmax}} \left(\log \prod_{i=1}^{n} P(x_i \in \mathcal{O} \mid \mathcal{P})\right) \\
&= \underset{\mu \in (-\infty, \infty)}{\operatorname{argmax}} \log\left[\left(\frac{1}{\sqrt{2\pi}}\right)^n \mathrm{e}^{-\frac{\sum_{i=1}^{n}(x_i-\mu)^2}{2}}\right] \\
&= - \underset{\mu \in (-\infty, \infty)}{\operatorname{argmax}} \left[\frac{1}{2}\sum_{i=1}^{n}(x_i-\mu)^2 + n \log \sqrt{2\pi}\right]
\end{aligned} \tag{2.2}$$

相关结论已在一些经典教材中有所体现，如文献[RS15]。而贝叶斯学派需要计算最大后验估计或最大对数后验估计，但这需要假定合理的先验分布。

- 如果先验分布是高斯分布 $\mu \sim \mathcal{N}(0, \sigma_0^2)$则有

$$\begin{aligned}
\underset{\mu \in (-\infty, \infty)}{\operatorname{argmax}} f(\mu) &= \underset{\mu \in (-\infty, \infty)}{\operatorname{argmax}} \log P(\mathcal{O} \mid \mathcal{P}) P(\mathcal{P}) \\
&= \underset{\mu \in (-\infty, \infty)}{\operatorname{argmax}} \log \left|\prod_{i=1}^{n} \log P(x_i \in \mathcal{O} \mid \mathcal{P})\right| P(\mathcal{P}) \\
&= \underset{\mu \in (-\infty, \infty)}{\operatorname{argmax}} \log\left\{\left[\left(\frac{1}{\sqrt{2\pi}}\right)^n \mathrm{e}^{-\frac{\sum_{i=1}^{n}(x_i-\mu)^2}{2}}\right] \cdot \left(\frac{1}{\sqrt{2\pi}\sigma_0}\right) \mathrm{e}^{-\frac{\mu^2}{2\sigma_0^2}}\right\} \\
&= - \underset{\mu \in (-\infty, \infty)}{\operatorname{argmax}} \left[\frac{1}{2}\sum_{i=1}^{n}(x_i-\mu)^2 + \frac{1}{2\sigma_0^2} \cdot \mu^2 \right. \\
&\quad \left. + n \log \sqrt{2\pi} + \log \sqrt{2\pi}\sigma_0\right]
\end{aligned} \tag{2.3}$$

• 如果先验分布是拉普拉斯分布 $\mu\sim\mathcal{L}(0, \sigma_0^2)$则有

$$\begin{aligned}\max_{\mu\in(-\infty,\infty)} f(\mu) &= \operatorname*{argmax}_{\mu\in(-\infty,\infty)} \log P(\mathcal{O}\mid\mathcal{P})P(\mathcal{P})\\ &= \operatorname*{argmax}_{\mu\in(-\infty,\infty)} \log\left[\prod_{i=1}^{n}\log P(x_i\in\mathcal{O}\mid\mathcal{P})\right]P(\mathcal{P})\\ &= \operatorname*{argmax}_{\mu\in(-\infty,\infty)} \log\left\{\left[\left(\frac{1}{\sqrt{2\pi}}\right)^{n} e^{-\frac{\sum_{i=1}^{n}(x_i-\mu)^2}{2}}\right]\cdot\left(\frac{1}{2\sigma_0^2}\right)e^{-\frac{|\mu|}{\sigma_0^2}}\right\}\\ &=-\operatorname*{argmax}_{\mu\in(-\infty,\infty)}\left[\frac{1}{2}\sum_{i=1}^{n}(x_i-\mu)^2\right.\\ &\quad\left.+\frac{1}{\sigma_0^2}\cdot|\mu|+n\log\sqrt{2\pi}+\log 2\sigma_0^2\right]\end{aligned} \tag{2.4}$$

• 如果先验分布是拉普拉斯分布和高斯分布的混合分布 $\mu\sim\mathcal{M}(0, \sigma_{0,1}^2, \sigma_{0,2}^2)$则有

$$\begin{aligned}\operatorname*{argmax}_{\mu\in(-\infty,\infty)} f(\mu) &= \operatorname*{argmax}_{\mu\in(-\infty,\infty)} \log P(\mathcal{O}\mid\mathcal{P})P(\mathcal{P})\\ &= \operatorname*{argmax}_{\mu\in(-\infty,\infty)} \log\left[\prod_{i=1}^{n}\log P(x_i\in\mathcal{O}\mid\mathcal{P})\right]P(\mathcal{P})\\ &= \operatorname*{argmax}_{\mu\in(-\infty,\infty)} \log\left\{\left[\left(\frac{1}{\sqrt{2\pi}}\right)^{n} e^{-\frac{\sum_{i=1}^{n}(x_i-\mu)^2}{2}}\right]\right.\\ &\quad\left.\cdot C(\sigma_{0,1}, \sigma_{0,2})^{-1}e^{-\frac{|\mu|}{\sigma_{0,1}^2}-\frac{\mu^2}{2\sigma_{0,2}^2}}\right\}\\ &=-\operatorname*{argmax}_{\mu\in(-\infty,\infty)}\left[\frac{1}{2}\sum_{i=1}^{n}(x_i-\mu)^2+\frac{1}{\sigma_0^2}\cdot|\mu|+\frac{1}{2\sigma_{0,2}^2}\cdot\mu^2\right.\\ &\quad\left.+n\log\sqrt{2\pi}+\log C(\sigma_{0,1}, \sigma_{0,2})\right]\end{aligned} \tag{2.5}$$

其中 $C=2\sqrt{2\pi}\sigma_{0,1}^2\sigma_{0,2}$。

2.2　小结

总之，根据本章的描述，可以将统计问题转化为优化问题来解决。本章概述并提供了验证这一说法所需的证据。在下一章中，我们将进一步讨论这个问题，确定它是如何形成的，并介绍一种解决这个问题的方法。

第3章

优化理论简述

基于上一节对统计模型的描述，我们从两个角度阐述了需要解决的问题，一个是优化领域，另一个是概率分布的采样。实际上，从算法有效性的角度来看，最典型的一种算法是最大期望算法(EM)，在似然函数方程无法直接求解的情况下，EM算法可用于寻找统计模型参数(局部)的最大似然估计。这些模型在未知参数和已知观测值的基础上引入潜变量，即通过在观测数据中找到缺损的数据，或者引进一些假定没有观测到的数值使模型变成一系列简化的问题。以混合模型为例，假设每个观测值都有一个对应的未观测到的数值，或者假设每个观测值混合属性存在对应的潜变量，则混合模型描述起来变得简单。

随着EM算法的发展，发现有一种方法可以求这两组方程的数值解。该方法首先在两组未知数据集中选取一组任取一定值，利用它来估计另一组未知参数；然后将所估计的参数反过来对第一组参数进行修正。两者之间的这种交替一直持续到估计值收敛到一个定值为止，虽然不能保证这种方法一定有效，但已经被证明该方法是一个值得尝试的选择，并且还可以观察到，似然函数的导数在该点非常接近于零，这表明该点是极大值点或鞍点。在大多数情况下，可能会出现多个极大值，但不能保证会找到全局极大值。一些似然点中也有奇异点，即无意义的极大值点。在混合模型中，EM可能找到的解决方案涉及将其中一个分量设置为零方差，而相同分量的平均参数等于其中一个数据点。

第二种方法是马尔可夫链蒙特卡罗方法(MCMC)，MCMC 方法主要用于近似计算多元积分的数值解，此外还用于贝叶斯统计、计算物理学、计算生物学和计算语言学。

3.1 机器学习所需的优化理论

回顾一下找到最大概率的过程，该过程等价于求解极大对数似然或极大对数后验估计。下面，我们用严谨的统计语言对它们进行描述。

- 求极大似然式(2.2)等效于求解以下表达式：

$$\underset{\mu\in(-\infty,\ \infty)}{\operatorname{argmax}} f(\mu) = -\underset{\mu\in(-\infty,\ \infty)}{\operatorname{argmin}}\left[\frac{1}{2}\sum_{i=1}^{n}(x_i-\mu)^2\right] \tag{3.1}$$

  在统计学中称为**线性回归**。

- 求极大后验估计式(2.3)等效于求解以下表达式：

$$\underset{\mu\in(-\infty,\ \infty)}{\operatorname{argmax}} f(\mu) = -\underset{\mu\in(-\infty,\ \infty)}{\operatorname{argmin}}\left[\frac{1}{2}\sum_{i=1}^{n}(x_i-\mu)^2+\frac{1}{2\sigma_0^2}\cdot|\mu|^2\right] \tag{3.2}$$

  在统计学中称为**岭回归**。

- 求极大后验估计式(2.3)等效于求以下表达式：

$$\underset{\mu\in(-\infty,\ \infty)}{\operatorname{argmax}} f(\mu) = -\underset{\mu\in(-\infty,\ \infty)}{\operatorname{argmin}}\left[\frac{1}{2}\sum_{i=1}^{n}(x_i-\mu)^2+\frac{1}{\sigma_0^2}\cdot|\mu|\right] \tag{3.3}$$

  在统计学中称为**套索**(Lasso)**回归**。

- 求极大后验估计式(2.3)等效于求解以下表达式：

$$\underset{\mu\in(-\infty,\ \infty)}{\operatorname{argmax}} f(\mu) = -\underset{\mu\in(-\infty,\ \infty)}{\operatorname{argmin}}\left[\frac{1}{2}\sum_{i=1}^{n}(x_i-\mu)^2 + \frac{1}{\sigma_{0,\ 1}^2}\cdot|\mu| + \frac{1}{2\sigma_{0,\ 2}^2}\cdot\mu^2\right] \tag{3.4}$$

在统计学中称为**粘性网回归**。

线性回归(3.1)被视为统计学中的标准模型之一，其变形(3.2)～(3.4)被视为带正则化函数的线性回归。每个正则化函数都有自己的优势，岭回归(3.2)的优势是稳定性，套索回归(3.3)的优势是稀疏性，而粘性网回归(3.4)的优势则是具有稀疏性和分组效应。特别地，由于稀疏特性，套索回归(3.3)成为统计学中最重要的模型之一。

上述的线性回归及其变形可以简化为求解无约束凸目标函数的最小值：

$$\min_{x\in\mathbb{R}} f(x)$$

其在实践中经常用到的高维形式为

$$\min_{x\in\mathbb{R}^n} f(x)$$

以上所有描述均来自简单的似然函数。在生物学中，上述回归模型适合于研究单个物种。以中国的老虎为例。中国有两种老虎，东北虎和华南虎(图 3-1)。如果只考虑一种老虎，那么我们可以假设其似然是一个高斯函数。但是如果同时考虑到中国的东北虎和华南虎，那么似然就是两个高斯函数的叠加。在$\mathbb{R}$中的简单函数图如图 3-2 所示，比较图 3-2 中的左边两个图，最右边图中存在三个驻点：两个局部极大值点和一个局部极小值点。换句话说，目标函数是非凸的。基于局部最小值是全局最小值的经典凸优化算法原理不适用于原始的凸情形。此外，如果目标函数的维数大于等于 2，还存在另一个稳定点：鞍点。图 3-3 中展示了不同情形的稳定点。

图 3-1　左：东北虎；右：华南虎(由 Creative Commons 提供)

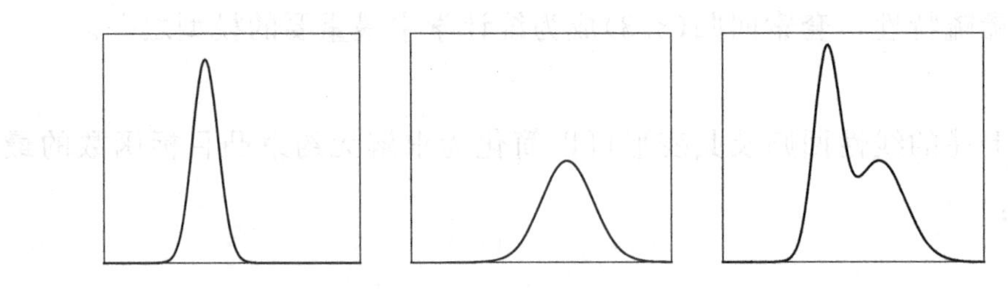

图 3-2　左：高斯分布－1；中：高斯分布－2；右：混合高斯分布——高斯分布－1＋高斯分布－2

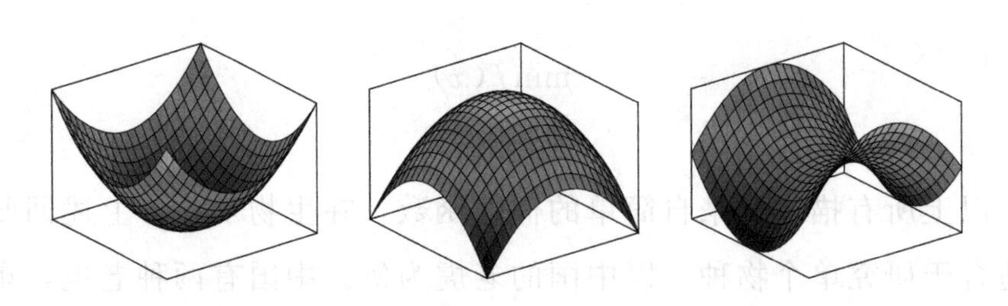

图 3-3　左：局部最小值点；中：局部最大值点；右：鞍点

通过以上描述，我们不难发现许多统计问题最终转化成一个优化问题来解决，不仅是简单的凸优化问题，而且是复杂的非凸优化问题。此外，优化算法往往基于目标函数的信息，文献[Nes13]描述了函数光滑的经典假设如下：

- 零阶标准假设：返回值 $f(x)$；
- 一阶标准假设：返回值 $f(x)$和梯度$\nabla f(x)$；
- 二阶标准假设：返回值 $f(x)$、梯度$\nabla f(x)$和 Hessian 矩阵 $\nabla^2 f(x)$。

检验优化算法在实践中是否高效，主要取决于子程序的返回信息和算法复杂度。显然，首先考虑的是零阶子程序算法，主要有两种形式：基于核的 Bandit 算法[BLE17]和单点梯度估计算法[FKM05,HL14]。但由于子程序返回信息少从而导致迭代复杂度较高，因此零阶子程序算法在实际应用中并不常用。此外，改进的零阶子程序算法仍然仅限于解决凸问题。在过去的 40 年中，二阶子程序算法得到了广泛的应用与研究，这些算法基本上基于经典的牛顿迭代法，例如改进的牛顿法[MS79]、改进的 Cholesky 算法[GM74]、三次正则化算法[NP06]和信赖域法[CRS14]。当前，随着深度学习的成功发展与应用，一些基于 Hessian 矩阵的非凸目标优化算法已经在文献[AAZB+17, CD16, CDHS16, LY17, RZS+17, RW17]中提到。但是由于当前计算机计算 Hessian 矩阵难度较大，导致算法不可行。

现在，我们来讨论已经被广泛使用的一阶算法。一阶算法只需要计算梯度，算法复杂度为 $O(d)$，其中 d 的维数较大。考虑统计模型(3.1)～(3.4)，如果我们要计算全梯度$\nabla f(\mu)$，则得出确定性算法；如果只需要计算一个梯度$\nabla f_i(\mu)$，也就是$(x_i-\mu)$，$1\leqslant i\leqslant n$ 则得到随机算法。本专著我们关注确定性算法。

3.1.1　梯度下降法

到目前为止，梯度下降法(GD)是研究人员在机器学习和深度学习中使用的主要优化算法之一。在本书中，我们讨论一些新的优化技巧，这将有助于我们更好地理解这一概念，并使其在可视化领域中有更多的应用。这个概念在设计机器学习算法的训练阶段具有重大影响。GD基于凸函数，沿着凸函数负梯度方向更新参数，这将会使函数值变得越来越小，直到达到局部最小值。总体而言，GD是一种旨在求解给定函数的最小值算法。

梯度下降法是机器学习中使用非常广泛的优化算法，其许多变形也是机器学习算法中最常用的优化方法。给定函数 $f:\mathbb{R}^n \to \mathbb{R}$，其中无约束变量 $x \in \mathbb{R}^n$，GD的迭代规则如下：

$$x_{k+1} = x_k - h_k \nabla f(x_k) \tag{3.5}$$

其中 h_k 为迭代步长，它可以是固定的，也可以是变化的。若 f 是凸函数，则 $h_k < \frac{2}{L}$ 是保证(最坏情况下)GD收敛的充要条件，其中 L 是函数 f 梯度的 Lipschitz 常数。

尽管GD对于凸优化问题求解效果很好，但GD在非凸优化问题中就不好用了。对于一般光滑非凸问题，仅仅知道GD收敛于一个驻点(即梯度为零的点)[Nes13]。

机器学习任务通常需要找到一个局部最小值点，而不仅仅是一个驻点，因为驻点也可能是一个鞍点或一个最大值点。近年来，人们越来越关注使GD避开鞍点并收敛到局部最小值点的几何条件。更具体地说，如果目标函数满足(1)所有鞍点都是严格的，(2)所有局部最小值都是全局最小值，则GD找到全局最优解。这两个性质对广泛的机器学习问题都满足，如矩阵分解[LWL+16]、矩阵完备化[GLM16, GJZ17]、矩阵感知[BNS16, PKCS17]、张量分解[GHJY15]、字典学习[SQW17]、相位检索[SQW16]。

最近的研究结果表明，当目标函数具有严格的鞍形特性时，只要初始化是随机的，步长固定且小于 $1/L$[LSJR16, PP16]，则 GD 就收敛到局部最小值。这是建立 GD 收敛性的第一个结果，但对于严格的鞍点问题，要完全了解 GD 仍然存在一定的差距。

3.1.2　梯度加速下降法

如今，许多尖端技术都依赖非凸优化算法进行机器学习、计算机视觉研究、自然语言处理和强化学习。因为在非凸优化问题中寻找全局最小值是 NP 难问题，所以局部搜索算法变得越来越重要。这些局部搜索方法都是基于凸优化问题中应用的方法。形式上，无约束优化的问题一般地表示为在欧氏空间寻找函数的最小值，即

$$\min_{x \in \mathbb{R}^n} f(x)$$

目前已经提出了许多方法和算法来解决最小值问题，特别是梯度法、牛顿法、信赖域法，椭球法和内点法[Pol87, Nes13, WN99, LY+84, BV04, B+15]。

因为二阶优化算法计算量实在太大，所以一阶优化算法已经成为求解优化问题的一种常用方法，也是神经网络中常用的优化算法之一。求解凸函数 f 最小值最简单最早的方法是梯度法，即

$$\begin{cases} x_{k+1} = x_k - h \nabla f(x_k) \\ \text{任意初值}: x_0 \end{cases} \tag{3.6}$$

为了加快算法的收敛速度，这里有两种梯度算法的重要改进形式。其中之一是动量法，也称为 Polyak 重球法，最早在文献[Pol64]中提出，即

$$\begin{cases} x_{k+1} = x_k - h\nabla f(x_k) + \gamma_k(x_k - x_{k-1}) \\ \text{任意初值:} x_0 \end{cases} \tag{3.7}$$

设 κ 为条件数，它是函数在取得局部最小值时，对应 Hessian 矩阵最小特征值与最大特征值的比值。动量法把局部收敛速度从 $1-2\kappa$ 提高到$1-2\sqrt{\kappa}$。另一种方法是众所周知的 Nesterov 梯度加速法，文献[Nes83]最早提出，文献[NN88，Nes13]对其进行了适当的改进，

$$\begin{cases} y_{k+1} = x_k - \frac{1}{L}\nabla f(x_k) \\ x_{k+1} = x_k + \gamma_k(x_{k+1} - x_k) \\ \text{任意初值:} x_0 = y_0 \end{cases} \tag{3.8}$$

其中参数设置如下：

$$\gamma_k = \frac{\alpha_k(1-\alpha_k)}{\alpha_k^2 + \alpha_{k+1}},\ \alpha_{k+1}^2 = (1-\alpha_{k+1})\alpha_k^2 + \alpha_{k+1}\kappa$$

Nesterov 设计的算法对于强凸函数不仅具有局部收敛性，而且具有全局收敛性，强凸函数收敛速度从 $1-2\kappa$ 提高到 $1-\sqrt{\kappa}$，非强凸函数由 $\mathcal{O}\left(\frac{1}{n}\right)$提高到 $\mathcal{O}\left(\frac{1}{n^2}\right)$。

尽管 Nesterov 梯度加速法中存在复杂的代数技巧，但从连续时限考虑的话[Pol64，SBC14，WWJ16，WRJ16]，上述三种方法可以获得很好的物理直觉。换句话说，这三种方法可视为是用离散的方法来求解微分方程。式(3.6)中的梯度法对应的微分方程为

$$\begin{cases} \dot{x} = -\nabla f(x_k) \\ x(0) = x_0 \end{cases} \tag{3.9}$$

而动量法和 Nesterov 梯度加速法对应的微分方程为

$$\begin{cases}\ddot{x}+\gamma_t\dot{x}+\nabla f(x)=0\\ x(0)=x_0,\ \dot{x}(0)=0\end{cases}\tag{3.10}$$

其中区别为摩擦系数 γ_t 的设置不同。在 ODE(3.9)和(3.10)中包含两个重要且直观的物理含义，ODE(3.9)是势流控制方程，描述的是从高势能沿梯度方向的瀑布流现象，其无穷小的推广形式与热传导本质上是一致的。因此，梯度法(3.6)被认为是计算机中或模拟现实现象的优化工具。ODE(3.10)是带有摩擦的重球运动控制方程，其无穷小推广形式本质上与弦振动是一致的。因此，无论是动量法(3.7)还是 Nesterov 梯度加速法(3.8)，都可以看作是通过计算或优化摩擦参数设置来求解的离散方法的升级版本。

此外，我们可以将上述三种方法视为在计算机中实现的耗能思想。黑匣子模型中未知的目标函数可以看作是势能。因此，初始能量是势能函数在 x_0 处 $f(x_0)$与在最小值点 x^* 的值 $f(x^*)$之差，总能量等于动能和势能之和。本书的主要观察结果是，在优化过程中，我们发现动能或速度是可观测和可控制的变量。换句话说，我们可以比较每一步的速度，以在计算过程中寻找局部最小值，或者将其重置为零，人为地耗散能量。

本书中引入了力守恒中的运动控制方程，为了便于比较，描述如下：

$$\begin{cases}\ddot{x}=-\nabla f(x)\\ x(0)=x_0,\ \dot{x}(0)=0\end{cases}\tag{3.11}$$

相空间通常由位置变量和动量变量的所有可能值组成。在守恒力场式(3.11)中的运动控制方程为

$$\begin{cases} \dot{x} = v \\ \dot{v} = -\nabla f(x) \\ x(0) = x_0, \ v(0) = 0 \end{cases} \tag{3.12}$$

3.1.3　稀疏子空间聚类的应用

机器学习、信号处理和计算机视觉研究中的另一个关键问题是子空间聚类[Vid11]。子空间聚类旨在将数据点分组为不相交的聚类，以便每个聚类中的数据点处于低维线性子空间，它在计算机视觉和机器学习中有许多成功的应用，因为许多高维数据可以用低维子空间的数据联合来近似。应用包括运动轨迹[CK98]、面部图像[BJ03]、网络跳数[EBN12]、电影评分[ZFIM12]和社交图[JCSX11]。

在数学上，设 $\boldsymbol{X}=(x_1, \cdots, x_N)$ 是 $n\times N$ 的数据矩阵，其中 n 是环境维数，N 是数据点个数。我们假设这里有 L 个集群 $\mathcal{S}_1, \cdots, \mathcal{S}_L$，$\boldsymbol{X}$ 中的每一列(数据点)仅属于其中一类，$\boldsymbol{X}$ 中集群 $\mathcal{S}_\ell$ 有 $N_\ell \leqslant N$ 个数据点。进一步假设每个子空间内的数据点大约位于低维线性子空间 $\mathcal{U}_\ell \subseteq \mathbb{R}^n$，其中 $\mathcal{U}_\ell$ 的维数 $d_\ell \ll n$。问题是在没有额外监督的情况下恢复 $\boldsymbol{X}$ 中所有点的聚类。

在数据无噪声的情况下(即如果 $\boldsymbol{x}_i$ 属于聚类 $\mathcal{S}_\ell$，则 $\boldsymbol{x}_i \in \mathcal{U}_\ell$)，可以使用以下稀疏子空间聚类[EV13]方法：

$$\text{SSC：} \quad \boldsymbol{c}_i := \arg\min_{\boldsymbol{c}_i \in \mathbb{R}^{N-1}} \|\boldsymbol{c}_i\|_1 \qquad \text{使得 } \boldsymbol{x}_i = \boldsymbol{X}_{-i}\boldsymbol{c}_i \tag{3.13}$$

向量 $\{c_i\}_{i=1}^N$ 通常被称为自相似矩阵，或简称为相似矩阵，如果 $\boldsymbol{x}_i$ 和 $\boldsymbol{x}_j$ 属于同一个聚类，则 $|\boldsymbol{c}_{ij}|$ 很大，反之亦然。然后，可以将谱聚类算法应用到 $\{\boldsymbol{c}_i\}_{i=1}^N$ 以产生聚类[EV13]。

虽然无噪子空间聚类模型是简化理论分析的理想方法，但在实际应用中，数据几乎总是会受到额外噪声的影响。噪声子空间聚类模型的一般公式是 $\boldsymbol{X}=\boldsymbol{Y}+\boldsymbol{Z}$，其中 $\boldsymbol{Y}=(y_1, \cdots, y_N)$ 是一个未知的无噪声数据矩阵（即如果 $y_i \in \mathcal{S}_\ell$，则有 $\boldsymbol{y}_i \in \mathcal{U}_\ell$），$\boldsymbol{Z}=(\boldsymbol{z}_1, \cdots, \boldsymbol{z}_N)$ 是一个噪声矩阵，$\boldsymbol{z}_1, \cdots, \boldsymbol{z}_N$ 是独立的且 $\mathbb{E}[\boldsymbol{z}_i \mid \boldsymbol{Y}]=\boldsymbol{0}$。只能观测到损坏的数据矩阵 $\boldsymbol{X}$。在这个框架下，可以举出两个重要的例子：

- **高斯噪声：** $\{z_i\}$ 是独立同分布的高斯随机变量 $\mathcal{N}(\boldsymbol{0}, \sigma^2/n \cdot \mathbf{I}_{n\times n})$.
- **缺失数据：** 令随机变量 $R_{ij} \in \{0, 1\}$ 表示 $\boldsymbol{Y}_{ij}$ 是否被观测到，也就是 $\boldsymbol{X}_{ij}=R_{ij}\boldsymbol{Y}_{ij}/\rho$。噪声矩阵 $\boldsymbol{Z}$ 可以表示为 $\boldsymbol{Z}_{ij}=(1-R_{ij}/\rho)\boldsymbol{Y}_{ij}$，其中 $\rho>0$ 是参数 R_{ij} 为 1 的概率，即 $\Pr[R_{ij}=1]=\rho$。

利用子空间聚类对噪声数据进行聚类的方法很多[SEC14, WX16, QX15, Sol14]。现有工作主要可以分为两种形式：一种是 Lasso SSC 形式

$$\text{Lasso SSC}: \boldsymbol{c}_i := \arg\min_{\boldsymbol{c}_i \in \mathbb{R}^{N-1}} \|\boldsymbol{c}_i\|_1 + \frac{\lambda}{2}\|\boldsymbol{x}_i - \boldsymbol{X}_{-i}\boldsymbol{c}_i\|_2^2 \tag{3.14}$$

在文献[SEC14，WX16，CJW17]中有具体分析，另一种形式是去偏 Dantzig selector 算法

去偏 DANTZIG SELECTOR：

$$\boldsymbol{c}_i := \arg\min_{\boldsymbol{c}_i \in \mathbb{R}^{N-1}} \|\boldsymbol{c}_i\|_1 + \frac{\lambda}{2}\|\widetilde{\boldsymbol{\Sigma}}_{-i}\boldsymbol{c}_i - \widetilde{\gamma}_i\|_\infty \tag{3.15}$$

该算法由文献[Sol14]提出，文献[QX15]分析了不相关特性设定。在

式(3.15)中 $\widetilde{\boldsymbol{\Sigma}}_{-i}$ 和 $\widetilde{\gamma}_i$ 是去偏二阶统计量，定义为 $\widetilde{\boldsymbol{\Sigma}}_{-i}=\boldsymbol{X}_{-i}^{\top}\boldsymbol{X}_{-i}-\boldsymbol{D}$ 和 $\widetilde{\gamma}_i=\boldsymbol{x}_i^{\top}\boldsymbol{X}_{-i}$，其中

$$\boldsymbol{D}=\operatorname{diag}(\mathbb{E}[z_1^{\top}z_1],\cdots,\mathbb{E}[z_N^{\top}z_N])$$

是近似去偏内积且假定已知的对角阵。特别地，在高斯噪声模型中我们有 $\boldsymbol{D}=\sigma^2\boldsymbol{I}$，在缺失数据模型中有 $\boldsymbol{D}=(1-\rho)^2/\rho$。$\operatorname{diag}(\|\boldsymbol{y}_1\|_2^2,\cdots,\|\boldsymbol{y}_N\|_2^2)$。可由 $\hat{\boldsymbol{D}}=(1-\rho)^2\operatorname{diag}(\boldsymbol{X}^{\top}\boldsymbol{X})$ 从损坏的数据中近似计算得出。

3.2 在线算法：机器学习的顺序更新

在计算机科学中，在线算法是指可以以序列化的方式逐个处理输入的算法，输入的顺序非常重要，以便逐个输入到算法中，但是开始时并不需要知道所有的输入。

基于采样方法，这里我们简要介绍在线时变算法的原理。令 $t\in\{0,1,2,\cdots,N\}$ 表示离散的有限时间集合，对每个 $t\in\{0,1,2,\cdots,N\}$，都有新的观测数据，记为 $\mathcal{D}_t$。回想一下贝叶斯公式(2.1)，在 $t=0$ 时，由先验概率 $\mathcal{P}(\mathcal{H})$ 和似然 $P(D_0|\mathcal{H})$，我们有

$$P(\mathcal{H}|D_0)\sim P(D_0|\mathcal{H})P(\mathcal{H})$$

当 $t=1$，我们取 $t=0$ 时的后验概率 $P(\mathcal{H}|D_0)$ 作为 $t=1$ 的先验和似然 $P(D_1|\mathcal{H},D_0)$，从而 $t=1$ 的后验概率计算如下：

$$P(\mathcal{H}|D_0,D_1)\sim P(D_1|\mathcal{H},D_0)P(\mathcal{H}|D_0)$$

以此类推，当 $t=N$ 时，我们取 $t=N-1$ 时的后验概率 $P(\mathcal{H}|D_0,\cdots,D_{N-1})$ 作为 $t=N$ 的先验和似然 $P(D_N|\mathcal{H},D_0,\cdots,D_{N-1})$ 从而

$t=N$ 时的后验概率计算如下：

$$P(\mathcal{H}|D_0, \cdots, D_N) \sim P(D_N|\mathcal{H}, D_0, \cdots, D_{N-1}) \\ P(\mathcal{H}|D_0, \cdots, D_{N-1})$$

根据以上描述，实际上我们得到了 $N+1$ 个最大后验估计，即最大后验估计序列如下：

$$P(\mathcal{H} \mid D_0), P(\mathcal{H} \mid D_0, D_1), \cdots, P(\mathcal{H} \mid D_0, \cdots, D_N)$$

换句话说，得到的分布 $P(\mathcal{H} \mid D_0, \cdots, D_k)$ $(k=0, \cdots, N)$是按顺序更新的。利用在时间 $t=k$ 处的概率分布 $P(\mathcal{H} \mid D_0, \cdots, D_k)$，我们可以通过采样生成的数据，观察从时间 $t=0$ 到 $t=N$ 的变化趋势，并与实际趋势进行比较。在这里，我们可以毫不费力地找到序列更新的核心部分：如何通过实验得到似然序列

$$P(D_0 \mid \mathcal{H}), P(D_1 \mid \mathcal{H}, D_0), \cdots, P(D_N \mid \mathcal{H}, D_0, \cdots, D_{N-1})$$

粒子学习是一种流行的方法，实际上它就是假设遵循高斯随机游走的似然序列。

多元时间序列的应用

多元时间序列的应用(MTS)分析已广泛应用于不同的应用领域[BJRL15, Ham94]，例如金融、社会网络、系统管理、天气预测等。例如，众所周知，某些地区的气温之间存在时空相关性[JHS+11, BBW+90]，发现和量化不同地点和时间隐藏的时空依赖关系，为气象预报特别是防灾预报带来了巨大的效益[LZZ+16]。

从 MTS 数据中挖掘时间依赖结构是跨领域的研究热点。Granger

因果关系框架是最常用的方法。其原理是如果时间序列 A 影响时间序列 B，则可以通过 A 的值来更新 B 未来的预测值，回归模型已经演变为 Granger 因果关系的主要方法之一。具体地说，在预测 B 的未来值时，相比于一个仅基于 B 的过去值建立的回归模型，在统计学上和显著性上，通过 A 和 B 的过去值而推断的回归模型更加准确。由 Lasso-Granger 命名的 L_1 正则化回归模型[Tib96]是一种先进而有效的 Granger 因果关系分析方法，Lasso-Granger 可以有效地帮助识别稀疏 Granger 因果关系，特别是在高维情况下[BL13]。

但是，Lasso-Granger 存在一些本质上的缺点。Lasso 非零系数选择的数量受训练实例数量的限制，并且往往只随机选择一个变量而忽略变量组内的其他变量，这会导致不稳定。此外，上述所有工作都假定 MTS 之间具有恒定的依赖结构，但是，这种假设在实践中很少成立，因为现实世界中的问题通常随着时间而动态变化。以温度预测中的场景为例，局地温度通常受其邻近区域的影响，但当季风来自不同方向时，依赖关系会发生动态变化。为了描述实际中经常出现的动态依赖关系，文献[LKJ09]提出了一种隐马尔可夫回归模型，文献[ZWW+16]提出了一种时变动态贝叶斯网络算法，但是，这两种方法都基于离线模式推断其潜在的依赖结构。

3.3 小结

在本章中，我们对潜在的时间相关性动态变化进行了建模，并以在线方式对模型进行了推理。

前面介绍的所有工作都是离线形式的，反映的是静态关系。基于文献[ZWML16]中上下文推荐的在线模型，文献[ZWW+16]提出了多元时间序列的在线 Lasso-Granger 模型，与离线方法相比，在线 Lasso-Granger 模型可以从多变量时间序列中获取时变相关性，文献[ZWW+16]的仿真结果和评价指标显示了该模型具有较好的效果。但是，Lasso-Granger 模型很大程度上依赖于正则化比例系数，当我们连续收缩时，Lasso-Granger 模型非常不稳定，并且变量之间没有组关系，换句话说，我们无法对变量进行分类以简化模型。基于此，我们提出了时变弹性网络 Granger 推理模型。

在本章中，我们研究了时变粘性网 Granger 推理模型，该模型对线性回归系数施加了混合的 L_1 和 L_2 正则化惩罚，粘性网正则化结合了 Lasso 和岭回归的优点，在不损失捕获稀疏性的前提下，可以捕获变量的分组效应，具有较强的稳定性。我们的在线粘性网 Granger 推理模型是基于粒子学习[CJLP10]来捕捉变量之间的动态关系，借助于高斯随机游走理论，建立了时间相关性的动力学行为模型，粒子学习的完全自适应推理策略有效地获得了变化依赖的信息。与[ZWW+16]不同，我们设计了自己的模拟器来生成具有分组关系的变量，我们的在线时变贝叶斯粘性网模型算法表现出了优越的性能，远远超过了基于 Lasso 的算法。

改进的 CoCoSSC 方法

本章介绍了我们在 CoCoSSC 方法改进方面的主要结论。

4.1 问题描述

问题 1：允许的最大固定步长

回想一下，对于具有固定步长($h_t \equiv h$)的梯度下降凸优化问题，$h<2/L$是 GD 收敛的一个充分必要条件。然而，对于非凸优化现有的研究都要求(固定)步长小于 $1/L$。因为更大的步长导致更快的收敛速度，所以一个自然的问题就是确定允许的最大步长，使得 GD 避开鞍点。分析较大步长的主要技术难点是当 $h \geqslant 1/L$ 时，梯度映射

$$g(x) = x - h \nabla f(x)$$

可能不是微分同胚的，因此，文献[LSJR16, PP16]中使用的方法缺乏足够的理论支撑。

在本章中，我们对 GD 的动力学行为进行更深入的研究。主要结论是：在比要求 g 处处微分同胚弱得多的条件下，GD 能够避开严格鞍点。特别地，如果

$$g(x_t) = x_t - h_t \nabla f(x_t)$$

在 x_t 处是局部微分同胚的，则在随机初始化下，GD 收敛到严格鞍点

的概率为 0。我们进一步揭示了

$$\lambda(\{h \in [1/L, 2/L): \exists t, g(x_t) \text{ 不是局部微分同胚}\}) = 0$$

其中 $\lambda(\cdot)$是$\mathbb{R}$上的勒贝格测度，这意味着对于在区间$[1/L, 2/L)$内选定的几乎每一个固定步长，$g(x_t)$是处处局部微分同胚的。因此，对于任意的$\varepsilon>0$，如果从$\left(\frac{2}{L}-\varepsilon, \frac{2}{L}\right)$均匀地随机选择步长 h，则 GD 都将避开所有严格鞍点并收敛到局部最小值。更加精确的陈述和证明分别见 7.3 节和 7.5 节。

问题 2：自适应步长的分析

我们考虑的另一个开放性问题是：当步长$\{h_t\}$随 t 变化而变化时，分析在非凸目标问题中 GD 的收敛性。在凸优化中，通常采用精确或回溯的线性搜索等自适应步长规则[Nes13]来提高算法的收敛性，并且在自适应调整步长不超过局部梯度利普希茨常数倒数的 2 倍时，就可以保证 GD 的收敛性。另一方面，在非凸优化中，变步长梯度下降法能否避开所有严格鞍点仍然是未知的。

现有的研究工作[LSJR16, PP16, LPP+17, OW17]都不能解决这个问题，因为它们都依赖于经典的稳定流形定理[Shu13]，该定理需要一个固定的梯度映射，而当步长变化时，梯度映射也会随着迭代而变化。为了解决这个问题，我们采用了功能强大的 Hartman 积映射定理[Har71]，该定理可以更好地表述 GD 的局部特性，并在每次迭代时允许梯度映射发生变化。基于 Hartman 积映射定理，我们证明了只要每次迭代的步长与局部梯度利普希茨常数的倒数成正比，GD 仍然可以避开所有严格鞍点。据我们所知，这是第一个关于变步长的非凸梯度下降法收敛到局部最小值的研究结果。

4.2　梯度加速下降法

我们利用速度或动能的可观测性和可控制性，以及在两个方向上人为地耗散能量，将离散策略应用到算法中，如下所示：

- 在寻找非凸函数的局部最小值或凸函数的全局最小值时，将动能或速度范数与上一步进行比较，直到不再变大时重置为 0。
- 为确定非凸函数全局最小值，在任意初始点 $x(0)=x_0$ 都赋予较大的初始速度 $v(0)=v_0$。由式(3.12)实现一个球，记录其动能的局部最大值，以辨别沿着轨迹存在多少局部最小值。然后，在识别所有局部最小值中的最小值时实现上述策略。

为了在实践中实现我们的想法，我们在哈密顿系统的数值方法中采用了辛欧拉方法。同时，我们注意到一个更精确的方法是 Störmer-Verlet 方法。

4.3　CoCoSSC 方法

受 CoCoLasso 测量高维回归误差的启发[DZ17]，现考虑一个 CoCoSSC的替代公式来解决噪声子空间的聚类问题。首先，使用预处理步骤计算 $\widetilde{\Sigma}=\boldsymbol{X}^{\mathrm{T}}\boldsymbol{X}-\widehat{\boldsymbol{D}}$，然后找到属于以下集合的矩阵：

$$
\begin{aligned}
S := &\{\boldsymbol{A}\in\mathbb{R}^{N\times N}: \boldsymbol{A}\geqslant\boldsymbol{0}\}\\
&\bigcap\left\{\boldsymbol{A}: |\boldsymbol{A}_{jk}-\widetilde{\sum}_{jk}|\leqslant|\boldsymbol{\Delta}_{jk}|,\ \forall j,k\in[N]\right\}
\end{aligned}
\tag{4.1}
$$

其中 $\boldsymbol{\Delta}\in\mathbb{R}^{N\times N}$ 为数据分析师给定的误差容限矩阵。对于高斯随机噪声，$\boldsymbol{\Delta}$ 中的所有数据可以设置为一个通用参数，而对于缺失的数据模型，我们建议 $\boldsymbol{\Delta}$ 中的对角元素和非对角元素设置两个不同的参数，因为在数据缺失模型下，$\boldsymbol{\Delta}$ 中这些元素的误差估计表现不同。在我们的主要定理中，给出了如何在 $\boldsymbol{\Delta}$ 中设置参数的理论推导，在实践中，我们观察到在 $\boldsymbol{\Delta}$ 中设置足够大的元素通常会产生较好的结果。因为式(4.1)中的 $\boldsymbol{S}$ 是一个凸集，稍后将证明 $\boldsymbol{S}\neq\emptyset$ 的概率较高，通过 $\widetilde{\boldsymbol{\Sigma}}$ 的交替投影很容易找到一个矩阵 $\widetilde{\boldsymbol{\Sigma}}_+\in\boldsymbol{S}$。

对于任意的 $\widetilde{\boldsymbol{\Sigma}}_+\in\boldsymbol{S}$，令 $\widetilde{\boldsymbol{\Sigma}}_+=\widetilde{\boldsymbol{X}}^{\mathrm{T}}\widetilde{\boldsymbol{X}}$，其中 $\widetilde{\boldsymbol{X}}=(\widetilde{\boldsymbol{x}}_1,\cdots,\widetilde{\boldsymbol{x}}_N)\in\mathbb{R}^{N\times N}$。由于 $\widetilde{\boldsymbol{\Sigma}}_+$ 半正定，所以这种分解是成立的。然后再通过求解以下(凸)优化问题得到自回归向量 $\boldsymbol{c}_i$：

$$\text{CoCoSSC：}\quad \boldsymbol{c}_i:=\arg\min_{\boldsymbol{c}_i\in\mathbb{R}^{N-1}}\|\boldsymbol{c}_i\|_1+\frac{\lambda}{2}\|\widetilde{\boldsymbol{x}}_i-\widetilde{\boldsymbol{X}}_{-i}\boldsymbol{c}_i\|_2^2 \tag{4.2}$$

式(4.2)是一个 ℓ_1-正则化的最小二乘自回归问题，区别在于使用 $\widetilde{\boldsymbol{x}}_i$ 和 $\widetilde{\boldsymbol{X}}_{-i}$ 进行自回归，而不是直接使用原始的受噪声破坏的观测值 $\boldsymbol{x}_i$ 和 $\boldsymbol{X}_{-i}$，这样会改进样本的复杂度，如表 4.1 和我们的主要定理所示。另一方面，CoCoSSC 保留了 Lasso SSC 的良好结构，使其更易于优化。在下一节，我们将进一步讨论以上优点以及 CoCoSSC 的其他优点。

表 4.1　标准化信号 $\|y_i\|_2=1$ 的成功条件汇总

	高斯模型	缺失数据(MD)	MD(随机子空间)
Lasso SSC[SEC14]	$\sigma=O(1)$	—	—
Lasso SSC[WX16]	$\sigma=O(n^{1/6})$	$\rho=\Omega(n^{-1/4})$	$\rho=\Omega(n^{-1/4})$
Lasso SSC[CJW17]	—	$\rho=\Omega(1)$	$\rho=\Omega(1)$
PZF-SSC[TV18]	—	$\rho=\Omega(1)$	$\rho=\Omega(1)$
DE-BIASED DANTZIG[QX15]	$\sigma=O(n^{1/4})$	$\rho=\Omega(n^{-1/3})$	$\rho=\Omega(n^{-1/3})$
CoCoSSC(this paper)	$\sigma=O(n^{1/4})$	$\rho=\Omega(\mathcal{X}^{2/3}n^{-1/3}+n^{-2/5})$①	$\rho=\Omega(n^{-2/5})$①

注：忽略了对 d，$\overline{C}$，$\underline{C}$ 和 $\log N$ 的多项式依赖性。最后一行中的 $\mathcal{X}$ 表示子空间亲和力，是在非均匀半随机模型定义 9.3 中引入的，$\sqrt{d}$ 是它的上界。

① 如果 $\|y_i\|_2$ 是已知的，成功条件可以提高到 $\rho=\Omega(n^{-1/2})$。详见备注 9.3。

CoCoSSC 的优点

CoCoSSC 的优点如下：

1)与式(3.15)中的去偏 Dantzig selector 方法相比，式(4.2)更容易优化，因为它具有 ℓ_1 正则化的光滑可微的目标函数。许多现有的方法，如 ADMM[BPC+11]可以用于获得快的收敛速度。关于有效求解式(4.2)的更多细节，可参考[WX16，附录 B]。由于式(4.1)中的两个集合都是凸集，因此可以使用交替投影来计算式(4.1)的预处理步骤。另一方面，通常使用线性规划求解式(3.15)中的去偏 Dantzig selector 公式[CT05, CT07]，但是当变量的规模较大时，求解的速度可能非常慢。事实上，我们的实验结果表明，去偏 Dantzig selector 几乎比 Lasso SSC和 CoCoSSC 慢 5～10 倍。

2)与 Lasso SSC 和去偏 Dantzig selector 相比，式(4.2)在高斯噪声模型和缺失数据模型中都有改进或相等的样本复杂度。这是因为在式(4.1)中使用了“去偏置”预处理步骤，并使用具有不同对角线和非对角元素的误差容限矩阵 $\boldsymbol{\Delta}$ 来反映 $\boldsymbol{A}$ 中的异构估计误差。表 4.1 概述了我们的结论与现有结论的比较结果。

4.4　在线时变粘性网算法

为了克服 Lasso-Granger 的不足，捕获 MTS 之间因果关系的动态变化，我们利用粘性网研究了 Granger 因果关系框架[ZH05]，该框架对线性回归施加了混合 L_1 和 L_2 的正则化惩罚。粘性网不仅能获得强稳定系数[SHB16]，还能捕获变量的分组效应[SHB16, ZH05]。此外，我们的方法明确地将依赖关系的动态变化行为建模为一组随机游走的粒子，并利用粒子学习[CJLP10, ZWW+16]提供一种完全自适应的推理策略。该方法使得模型潜参数学习的同时能够有效地捕获变量之间的各种依赖关系，并通过对合成数据集和真实数据集的实践研究证明了该方法的有效性。

4.5 小结

在这一章中，我们定义了一种新的方法来克服 Lasso-Granger 的不足，捕获了 MTS 之间因果关系的动态变化，并讨论了一种将依赖关系的动态变化行为建模为一组随机游走粒子的方法。通过对合成数据集和真实数据集的实证研究，证明了该方法的有效性。

关键术语

本章我们定义一些必要的符号，说明并讨论它们在后续分析中使用的重要定义。设 $C^2(\mathbb{R}^n)$ 为实值二次连续可微函数的向量空间，∇ 和 ∇^2 分别为梯度算子和 Hessian 算子，令 $\|\cdot\|_2$ 为 $\mathbb{R}^n$ 上的欧几里得范数，μ 为 $\mathbb{R}^n$ 上的勒贝格测度。

5.1 一些定义

定义 5.1(全局梯度利普希茨连续条件) 设 $f \in C^2(\mathbb{R}^n)$，如果存在常数 $L>0$，使得

$$\|\nabla f(x_1) - \nabla f(x_2)\|_2 \leqslant L\|x_1 - x_2\|_2 \quad \forall x_1, x_2 \in \mathbb{R}^n \tag{5.1}$$

则称 $f(x)$ 满足**全局梯度利普希茨连续条件**。

定义 5.2(全局 Hessian 利普希茨连续条件) 设 $f \in C^2(\mathbb{R}^n)$，如果存在常数 $K>0$，使得

$$\|\nabla^2 f(x_1) - \nabla^2 f(x_2)\|_2 \leqslant K\|x_1 - x_2\|_2 \quad \forall x_1, x_2 \in \mathbb{R}^n \tag{5.2}$$

则称 $f(x)$ 满足**全局 Hessian 利普希茨连续条件**。

直观地讲，如果二次连续可微函数 $f \in C^2(\mathbb{R}^n)$ 的梯度算子和 Hessian算子对于 $\mathbb{R}^n$ 中任何两个点都没有急剧变化，则它满足全局梯

度和 Hessian 利普希茨连续条件。然而，在机器学习应用中出现的许多目标函数的全局利普希茨常数 L(例如，$f(x)=x^4$)可能很大，甚至不存在。为了处理这种情况，可以使用一种更精细的梯度连续定义来描述梯度的局部行为，尤其是对于非凸函数。这个定义在许多数学学科中被采用，例如动力学系统。

令 $\delta>0$，对任意 $x_0\in\mathbb{R}^n$，x_0 的 δ-邻域定义如下：

$$V(x_0,\delta)=\{x\in\mathbb{R}^n \mid \|x-x_0\|_2<\delta\} \tag{5.3}$$

定义 5.3(局部梯度利普希茨连续条件) 设 $f\in C^2(\mathbb{R}^n)$，对于任意 $x_0\in\mathbb{R}^n$ 和邻域半径 $\delta>0$，如果存在常数 $L_{(x_0,\delta)}>0$ 使得

$$\|\nabla f(x)-\nabla f(y)\|_2\leqslant L_{(x_0,\delta)}\|x-y\|_2 \quad \forall x, y\in V(x_0,\delta) \tag{5.4}$$

则称 $f(x)$ 在 x_0 处满足**局部梯度利普希茨连续条件**。

接下来我们给出驻点、局部最小值点和严格鞍点的概念，它们在(非凸)优化中非常重要。

定义 5.4(驻点) 设 $x^*\in\mathbb{R}^n$，如果 $\nabla f(x^*)=0$，则 x^* 是函数 $f\in C^2(\mathbb{R}^n)$ 的**驻点**。

定义 5.5(局部最小值点) 设 $x^*\in\mathbb{R}^n$，若存在 x^* 的某个邻域 U，使得对任意 $x\in U$，均有 $f(x^*)<f(x)$，则 x^* 为 f 的**局部最小值点**。

驻点可能是局部最小值点、鞍点，也可能是局部最大值点。如果驻点 $x^*\in\mathbb{R}^n$ 是函数 $f\in C^2(\mathbb{R}^n)$ 的局部最小值点，则 $\nabla^2 f(x^*)$ 是半正定的；另一方面，如果 $x^*\in\mathbb{R}^n$ 是 $f\in C^2(\mathbb{R}^n)$ 的驻点且 $\nabla^2 f(x^*)$ 是正定

的，则 x^* 为 f 的局部最小值点。需要注意的是此时 x^* 是唯一的驻点。

下面给出有关“严格”鞍点的定义，该定义也在文献[GHJY15]中分析过。

定义 5.6（严格鞍点） 设 $x^* \in \mathbb{R}^n$，如果 x^* 为 f 的驻点并且 $\lambda_{\min}(\nabla^2 f(x^*))<0$，则 x^* 为 $f \in C^2(\mathbb{R}^n)$ 的**严格鞍点**[⊖]。

我们将所有严格鞍点构成的集合记为 $\mathcal{X}$。根据定义，严格鞍点必须有逃逸方向，使得 Hessian 算子沿该方向的特征值严格小于零。对于机器学习中的许多非凸问题，所有的鞍点都是严格的。

接下来，我们将回顾多元分析和微分几何/拓扑中的其他概念，这些概念将在我们以后的分析中使用。

定义 5.7（梯度映射及其雅可比矩阵） 对任意的 $f \in C^2(\mathbb{R}^n)$，步长为 h 的**梯度映射** $g: \mathbb{R}^n \to \mathbb{R}^n$ 定义为

$$g(x) = x - h\nabla f(x) \tag{5.5}$$

梯度映射 g 的**雅可比矩阵** $Dg: \mathbb{R}^n \to \mathbb{R}^{n\times n}$ 定义为

$$Dg(x) = \begin{bmatrix} \frac{\partial g_1}{\partial x_1}(x) & \cdots & \frac{\partial g_1}{\partial x_n}(x) \\ \vdots & & \vdots \\ \frac{\partial g_n}{\partial x_1}(x) & \cdots & \frac{\partial g_n}{\partial x_n}(x) \end{bmatrix} \tag{5.6}$$

⊖ 为此，严格鞍点包括最大值点。

或者等价地说，$Dg=I-h\nabla^2 f$。

如果存在一个常数 $C>0$，使得当 n 足够大时有 $|a_n|\leqslant C|b_n|$，则我们用符号 $a_n\lesssim b_n$ 来表示。同理，如果 $b_n\lesssim a_n$，则记为 $a_n\gtrsim b_n$；如果 $a_n\lesssim b_n$ 和 $b_n\lesssim a_n$ 同时成立，则用 $a_n\asymp b_n$ 来表示。如果存在一个任意小的常数 $c>0$，且当 n 足够大时有 $|a_n|\leqslant c|b_n|$，则我们用 $a_n\ll b_n$来表示。对任何一个整数 M，$[M]$表示有限集$\{1,2,\cdots,M\}$。

定义 5.8(局部微分同胚映射) 设 M 和 N 是两个可微流形，如果对于 M 中的每个点 x，存在一个包含 x 的开集 U，使得 $f(U)$在 N 中是开的且 $f|_U$：$U\to f(U)$是微分同胚映射，则称映射 $f:M\to N$ 是**局部微分同胚映射**。

定义 5.9(紧集) 设 $S\subseteq\mathbb{R}^n$，如果 S 的任意开覆盖都有有限子覆盖，则称 S 是**紧的**。

定义 5.10(水平子集) 映射 $f:\mathbb{R}^n\to\mathbb{R}$的 α **水平子集**定义为

$$C_\alpha=\{x\in\mathbb{R}^n\mid f(x)\leqslant\alpha\}$$

5.2 小结

在本章中，我们定义了一些必要的符号，这些符号将在本书后续内容中使用。此外我们还明确和回顾了一些重要定义，这些定义将在后续分析中使用。下一章我们将讨论非凸规划几何方面的相关研究工作。

关于非凸规划几何的相关研究

在过去的几年里，人们对由机器学习问题产生的非凸规划几何问题越来越感兴趣。尤其感兴趣的是研究所考虑非凸目标的特殊属性，使得常用的优化方法(如梯度下降法)避开鞍点并收敛到局部最小值。严格鞍点属性(定义 5.6)就是这样一种性质，已经证明，在广泛的应用问题中都具有这一属性。

现有的许多工作都充分利用 Hessian 信息，以避开鞍点，包括修正牛顿法[MS79]、修正 Cholesky 法[GM74]、三次正则化法[NP06]和信赖域法[CRS14]。这类二阶方法的主要缺点是需要得到完整的 Hessian 矩阵信息，而 Hessian 矩阵计算量非常大，因为每一步迭代的计算复杂度随着问题维度增加呈平方或立方的规模增大，故这类方法不适合高维函数的优化。最近的一些研究工作[CDHS16, AAB+17, CD16]表明，这类二阶方法对完整 Hessian 矩阵信息的要求可放宽为计算 Hessian 向量积，而 Hessian 向量积在某些机器学习应用中可以进行有效的计算。一些文献[LY17, RZS+17, RW17]也提出了将一阶方法与更快的特征向量相结合的算法，从而降低算法迭代的复杂度。

另一方面的主要研究工作是将噪声注入梯度方法，其迭代计算复杂度与问题维数呈线性关系。早期的工作已经表明，具有去偏噪声和足够大方差的一阶方法可以避开严格鞍点[Pem90]。[GHJY15]给出了收敛的定量速度。近年来，为了提高算法的收敛速度，人们提出了更精细的算法和分析方法[JGN+17,JNJ17]。然而，在实际应用中几乎从未使用过有意注入噪声的梯度方法，从而使上述分析的应用受到了限制。

根据经验，对于相位检索问题，文献[SQW16]观察到具有100个随机初始值的梯度下降法总是收敛到局部最小值。从理论上讲，目前最重要的结果来自文献[LSJR16]，它证明了具有固定步长和任何合理的随机初始值的梯度下降法总能避开孤立的严格鞍点。文献[PP16]后来放宽了严格的鞍点是孤立的要求。其他作者[OW17]将分析扩展到梯度加速下降法，[LPP$^+$17]将结果推广到更广泛的一阶方法，包括近端梯度下降法和坐标下降法。但是，这些工作都要求步长要明显小于梯度的利普希茨常数的倒数，这与凸规划的结果相差2倍，并且不允许步长随迭代而变化。我们的结果解决了上述两个问题。

虽然利用梯度法求解凸优化问题的历史可以追溯到欧拉和拉格朗日时期，但由于一阶导数的计算量相对简单，这使得梯度法在机器学习和非凸优化领域中仍然被积极使用，例如文献[GHJY15，AG16，LSJR16，HMR16]最近的工作。自然加速算法包括文献[Pol64]首次提出的动量法和[Nes83]首次提出的Nesterov梯度加速法，以及Nesterov梯度加速法的改进形式[NN88]。文献[BT09]提出了一种类似于Nesterov梯度加速法的加速算法，称为FISTA，旨在用来解决组合问题。文献[B$^+$15]提出了相关的综合工作。

动量法最初也称为Polyak重球法，其理论来自文献[Pol64]中的ODE观点，包含了极其丰富的物理直观思想和数学理论。而带动量的反向传播学习是机器学习应用中一个非常重要的工作[RHW+88]。基于ODE思想，人们对动量法和Nesterov梯度加速法有了很多的理解和应用。文献[SMDH13]提出了一个精心设计的随机初始化动量参数算法来训练DNNs和RNNs。文献[SBC14]提出了从ODE到理解Nesterov方法背后本质的突破性见解。文献[WWJ16]提出了基于变分的视角理解动量法，[WRJ16]提出了从Lyapunov分析的角度理解动量法。文献[LSJR16]从ODE的稳定性理论出发，提出了梯度法几乎处处收敛于局部最小值。从鲁棒控制理论出发，文献[LRP16]分析和设计了基于积分二次约束的迭代优化算法。

实际上，"高动量"现象最初出现在文献[OC15]的自适应重启加速算法中。文献[SBC14]也提出了一种重启算法。但是，这两项研究工作都使用了重启技术来加速基于摩擦的算法。利用力学中相空间的概念，我们知道动能或速度是可控的，并且可以被塑造成一个可用的参数，这将有助于我们找到局部最小值。也就是说不使用摩擦的概念，我们仍然能够仅仅利用速度参数来找到局部最小值。为此，该算法实践起来非常简单，得到大家的一致认可。我们可以将该算法推广到非凸优化中，用于检测粒子运动轨迹的局部最小值。

稀疏子空间聚类是由[EV13]提出的一种有效的子空间聚类方法。Soltanolkotabi 和 Candes[SC12] 率先对稀疏子空间聚类的理论性质进行了研究，后来扩展到噪声数据[SEC14, WX16]、降维数据[WWS15a, HTB17, TG17]，以及包含敏感私有信息的数据[WWS15b]。Yang 等人[YRV15]考虑了具有缺失项的子空间聚类的一些启发式算法，文献[TV18]研究了 PZF-SSC 方法，并证明了成功条件为 $\rho=\Omega(1)$. Park 等人[PCS14]、Heckel 和 Bölcskei[HB15]、Liu 等人[LLY+13]、Tsakiris 和 Vidal[TV17]提出了子空间聚类的替代方法。一些早期的参考文献包括 k-plane[BM00]、q-flat[Tse00]、ALC[MDHW07]、LSA[YP06]和 GPCA[VMS05]。

在 MTS 分析中，揭示历史观测值与当前观测值之间的偶然依赖关系是一项重要的任务。贝叶斯网络[JYG+03, Mur02]和 Granger 因果关系[ALA07, ZF09]是推断时间相关性的两个主要理论。与贝叶斯网络相比，Granger 因果关系更为直接、稳定、扩展性更强[ZF09]。

在线自适应线性回归不仅能提供有关时间序列随时间演化的信息，而且对于参数估计、预测、交叉预测(即预测变量如何依赖其他变量)等都是至关重要的。在本书中，我们感兴趣的是揭示变量之间时间依赖的动态关系。

时态数据集是与时间戳关联的数据项的集合。它可以分为两类，即时间序列数据和事件数据。正如时间序列数据一样，单变量和多变量之间的本质区别在于变量之间的依赖关系。我们的研究重点是多元时间序列数据集。

6.1 多元时间序列数据集

Granger 因果关系最初是为一对时间序列设计的。Granger 因果关系概念与图形模型相结合的开创性工作[Eic06]导致了 MTS 数据之间因果关系分析的出现。其中统计显著性检验和 Lasso-Granger[ALA07]是用来推理 MTS Granger 因果关系的两种典型方法。即使在高维情况下，Lasso-Granger 也具有较强的鲁棒性，因此 Lasso-Granger 越来越受欢迎[BL12]。然而，由于 L_1 范数的高度敏感性，Lasso-Granger 存在不稳定和组变量选择失败的困扰。为了解决这一难题，我们采用了粘性网正则化方法[ZH05]，因为该方法强调组变量选择(组效应)，从而是稳定的，其中强相关预测因子往往同时趋向于零或非零。

我们提出的方法利用了 Lasso-granger 的优点，同时也借鉴了贝叶斯 Lasso[TPGC]的思想，从贝叶斯的角度以顺序在线模式进行推理。然而，这些方法大多数都假设时间序列之间具有恒定的依赖结构。

回归模型已经发展成为 Granger 因果关系的主要方法之一，并且现有的大多数方法都假定存在一个恒定的依赖结构，即时间序列之间的因果关系是恒定的。其中一种是贝叶斯网络推理方法[Hec98, Mur12, JYG+03]，而另一种方法是 Granger 因果关系[Gra69, Gra80, ALA07]。文献[ZF09]对这两类理论框架进行了深入的比较研究。为了克服这些困难，文献[ZWW+

16]提出了基于在线模式的时变 Lasso-Granger 模型。然而，Lasso 正则化有其自身的局限性，它无法捕获变量之间的自然组信息，且极不稳定。随着正则化理论的发展，产生了一系列对原有 Lasso 算法的扩展算法，如粘性网[ZH05]。

针对粘性网正则化，文献[LLNM+09]首先提出离线算法来捕获变量之间的关系。粘性网鼓励分组效应，其中高度相关的预测变量往往同时在模型内或同时在模型外。文献[ZH05]通过真实数据和仿真研究表明，粘性网往往优于 Lasso，并且具有 Lasso 类似的稀疏表示。

基于文献[ZWML16]首次借鉴的高维线性回归粒子学习的在线算法，我们将粘性网正则化引入到在线算法中，研究变量之间的组效应。

粒子学习[CJLP10]为贝叶斯模型在线推理策略提供了强有力的工具。它属于序贯蒙特卡罗(SMC)方法，由一组蒙特卡罗方法组成，用于解决滤波问题[DGA00]。粒子学习在一般的状态空间模型中提供状态滤波、序贯参数学习和平滑等功能[CJLP10]。粒子学习背后的中心思想是创建粒子算法，该算法直接从粒子逼近状态的联合后验分布中进行采样，并在完全适应的重采样-传播框架中为固定参数提供足够的统计信息。

我们将粒子学习的思想用于潜状态推理和参数学习。

Zeng 等人[ZWW+16]对时变多变量时间序列进行了处理和模拟仿真。在一般的状态空间模型中，粒子学习提供状态过滤、序贯参数学习和平滑化。粒子学习是在参数不确定的情况下，对滤波和平滑分布序列进行近似。粒子学习背后的中心思想是创建粒子算法，该算法直接从粒子逼近状态的联合后验分布中进行采样，并在完全适应的重采样-传播框架中为固定参数提供足够的统计信息。

多元时间序列是尝试解释这种现象的非常重要的工具。文献[LLNM$^+$09]首次提出时空因果模型。基于图的推理，文献[LNMLL10]提出了关系图模型，[CLLC10]提出了变化图模型。另外，文献[LBL12]提出了基于极值的潜状态稀疏-GEV 模型。但是，所有模型都是静态的，无法捕获动态信息。

6.2 粒子学习

为了在状态空间建模中捕获动态信息，研究人员通过序贯参数学习整合了额外信息。但必须考虑应用这些方法的局限性，因为这些应用会带来许多计算难题。状态滤波、序贯参数学习和光滑化等方法在一般经典的状态空间模型中得到了应用[CJLP10]。其中，粒子学习已成为最受欢迎的序贯学习方法之一。

粒子学习背后的中心思想是创建粒子算法，该算法直接从粒子逼近状态的联合后验分布中进行采样，并在完全适应的重采样-传播框架中为固定参数提供足够的统计信息。文献[ZWML16]首次借鉴了粒子学习的思想，将粒子学习用于潜状态推理和参数学习。在这里，我们继续利用粘性网正则化的思想。

6.3 在气候变化中的应用

新世纪的气候变化引发了许多重要的社会问题。揭示各种气候观测与强迫因子之间的依赖关系是一项重要的挑战。多元时间序列是解释这一现象的重要工具。文献[LLNM$^+$09]首次提出时空因果模型。基于图的推理，文献[LNMLL10]提出了关系图模型，[CLLC10]提出了变化图模型。另外，文献[LBL12]提出了基于极值的潜状态稀疏-GEV 模型。但是，所有模型都是静态的，无法捕获动态信息。在这里，我们提出了一个在线时变时空因果模型来模拟和解释佛罗里达州的气温现象。

6.4　小结

在这一章中，我们回顾并讨论了与非凸规划几何相关的各种思想和概念。我们还描述了粒子学习的概念，并以佛罗里达州为例介绍了“气候变化”的一个应用。

在本书的下一部分，我们着重从理论方面讨论机器学习的数学框架。

第二部分

Mathematical Theories of Machine Learning-Theory and Applications

机器学习的数学框架：理论部分

收敛到最小值的梯度下降法：最优和自适应的步长规则

7.1 引言

如第3章所述，梯度下降法(GD)及其变形是机器学习中的核心优化方法。给定 C^1 或 C^2 上具有无约束变量 $x \in \mathbb{R}^n$ 的函数 $f: \mathbb{R}^n \to \mathbb{R}$，GD应用如下的迭代规则：

$$x_{t+1} = x_t - h_t \nabla f(x_t) \tag{7.1}$$

其中 h_t 为步长，在迭代过程中可以是固定的，也可以是变化的。当 f 是凸函数时，$h_t < \frac{2}{L}$ 是保证GD(最坏情况下)收敛的充分必要条件，其中 L 是函数 f 梯度的利普希茨常数。另一方面，在非凸问题中，关于GD的认识还远远不够。对于一般光滑非凸问题，仅仅知道GD收敛于一个驻点(即梯度为零的点)[Nes13]。

机器学习任务通常需要找到一个局部最小值点，而不仅仅是一个驻点，因为驻点也可能是一个鞍点或一个最大值点。近年来，人们越来越关注使GD避开鞍点并收敛到局部最小值点的几何条件。更具体地说，如果目标函数满足(1)所有鞍点都是严格的，(2)所有局部最小值都是全局最小值，则GD找到全局最优解。这两个性质对广泛的机器学习问题都满足，如矩阵分解[LWL+16]、矩阵完备化[GLM16, GJZ17]、矩阵感知[BNS16, PKCS17]、张量分解[GHJY15]、字典学习[SQW17]、相位检索[SQW16]。

最近的研究结果表明，当目标函数具有严格鞍点特性时，只要初始化是随机的，步长固定且小于 $1/L$ [LSJR16，PP16]，则 GD 就收敛到局部最小值。这是建立 GD 收敛性的第一个结果，但对于严格的鞍点问题，要完全了解 GD 仍然存在一定的差距。特别是如第 4 章所述，关于非凸问题 GD 的收敛性，还有以下两个问题有待解决：

问题 1：允许最大的固定步长　回想一下，对于具有固定步长($h_t \equiv h$)的梯度下降凸优化问题，$h < 2/L$ 是 GD 收敛的一个充分必要条件。然而，对于非凸优化现有的研究都要求(固定)步长小于 $1/L$。因为更大的步长导致更快的收敛速度，所以一个自然的问题是确定允许的最大步长，使得 GD 避开鞍点。而分析较大步长的主要技术难点是当 $h \geqslant 1/L$ 时，梯度映射

$$g(x) = x - h \nabla f(x)$$

可能不是微分同胚的，因此，文献[LSJR16，PP16]中使用的方法缺乏足够的理论支撑。

在本章中，我们对 GD 的动力学行为进行更深入的研究。主要结论是：在比要求 g 处处微分同胚弱得多的条件下，GD 能够避开严格鞍点。特别地，如果

$$g(x_t) = x_t - h_t \nabla f(x_t)$$

在 x_t 处是局部微分同胚的，则在随机初始化下，GD 收敛到严格鞍点的概率为 0。我们进一步揭示了

$$\lambda(\{h \in [1/L, 2/L): \exists t, g(x_t) \text{不是局部微分同胚}\}) = 0$$

其中 $\lambda(\cdot)$ 是 $\mathbb{R}$ 上的勒贝格测度，这意味着几乎对于在区间 $[1/L, 2/L)$ 内选定的每一个固定步长，$g(x_t)$ 是处处局部微分同胚的。因此，对于任意的 $\varepsilon>0$，如果从 $\left(\frac{2}{L}-\varepsilon, \frac{2}{L}\right)$ 均匀地随机选择步长 h，则 GD 都将避开所有的严格鞍点并收敛到局部最小值。更加精确的陈述和证明见 7.3 节和 7.5 节。

问题 2：自适应步长分析　我们考虑的另一个开放性问题是：当步长 $\{h_t\}$ 随 t 变化而变化时，分析在非凸目标问题中 GD 的收敛性。在凸优化中，通常采用精确或回溯的线性搜索等自适应步长规则[Nes13]来提高算法的收敛性，并且在自适应调整步长不超过局部梯度利普希茨常数倒数的 2 倍时，就可以保证 GD 的收敛性。另一方面，在非凸优化中，变步长梯度下降法能否避开所有严格鞍点仍然是未知的。

现有的研究工作[LSJR16, PP16, LPP+17, OW17]都不能解决这个问题，因为它们都依赖于经典的稳定流形定理[Shu13]，该定理需要一个固定的梯度映射，而当步长变化时，梯度映射也会随着迭代而变化。为了解决这个问题，我们采用了功能强大的 Hartman 积映射定理[Har71]，该定理可以更好地表述 GD 的局部特性，并在每次迭代时允许梯度映射发生变化。基于 Hartman 积映射定理，我们证明了只要每次迭代的步长与局部梯度利普希茨常数的倒数成正比，GD 仍然可以避开所有严格鞍点。据我们所知，这是第一个关于变步长的非凸梯度下降法收敛到局部最小值的研究结果。

相关研究

在过去的几年里，人们对由机器学习问题自然产生的非凸规划的几何问题越来越感兴趣。尤其感兴趣的是研究所考虑非凸目标的特殊属性，使得常用的优化方法(如梯度下降法)避开鞍点并收敛到局部最小值。严格鞍点属性(定义7.6)就是这样一种性质，已经证明，在广泛的应用问题中都具有这一属性。

现有的许多工作都充分利用Hessian信息，以避开鞍点，包括修正牛顿法[MS79]、修正Cholesky法[GM74]、三次正则化法[NP06]和信赖域法[CRS14]。这类二阶方法的主要缺点是需要得到完整的Hessian矩阵信息，而Hessian矩阵计算量非常大，因为每一步迭代的计算复杂度随着问题维度增加呈平方或立方的规模增大，故这类方法不适合高维函数的优化。最近的一些研究工作[CDHS16, AAB+17, CD16]表明，这类二阶方法对完整Hessian矩阵信息的要求可放宽为计算Hessian向量积，而Hessian向量积在某些机器学习应用中可以进行有效的计算。一些文献[LY17, RZS+17, RW17]也提出了将一阶方法与更快的特征向量相结合的算法，从而降低迭代的复杂度。

另一方面的主要研究工作是将噪声注入梯度方法，其迭代计算复杂度与问题维数呈线性关系。早期的工作已经表明，具有去偏噪声和足够大方差的一阶方法可以避开严格的鞍点[Pem90]。[GHJY15]给出了收敛的定量速度。近年来，为了提高算法的收敛速度，人们提出了更精细的算法和分析方法[JGN+17, JNJ17]。然而，在实际应用中几乎从未使用过有意注入噪声的梯度方法，从而使上述分析的应用受到了限制。

根据经验，对于相位检索问题，文献[SQW16]观察到具有100个随机初始值的梯度下降法总是收敛到局部最小值。从理论上讲，目前最重要的结果来自于文献[LSJR16]，它证明了具有固定步长和任何合理的随机初始值的梯度下降法总能避开孤立的严格鞍点。文献[PP16]后来放宽了严格鞍点是孤立的要求。其他作者[OW17]将分析扩展到梯度加速下降法，[LPP+17]将结果推广到更广泛的一阶方法，包括近端梯度下降法和坐标下降法。但是，这些工作都要求步长要明显小于梯度的 Lipschitz 常数的倒数，这与凸规划的结果相差 2 倍，并且不允许步长随迭代而变化。我们的结果解决了上述两个问题。

7.2　符号与预备知识

为了完整起见，我们给出了必要的符号说明，并回顾了一些重要的定义，其中一些定义在第 5 章已经给出，这些将在后面的分析中使用。设 $C^2(\mathbb{R}^n)$为实值二次连续可微函数的向量空间，∇和∇^2分别为梯度算子和 Hessian 算子，令$\|\cdot\|_2$ 为$\mathbb{R}^n$ 上的欧几里得范数，μ 为$\mathbb{R}^n$ 上的勒贝格测度。

定义 7.1(全局梯度利普希茨连续条件)　设 $f\in C^2(\mathbb{R}^n)$，如果存在常数 $L>0$，使得

$$\|\nabla f(x_1)-\nabla f(x_2)\|_2\leqslant L\|x_1-x_2\|_2 \quad \forall x_1,x_2\in\mathbb{R}^n \tag{7.2}$$

则称 $f(x)$满足**全局梯度利普希茨连续条件**。

定义 7.2(全局 Hessian 利普希茨连续条件)　设 $f\in C^2(\mathbb{R}^n)$，如果存在常数 $K>0$，使得

$$\|\nabla^2 f(x_1)-\nabla^2 f(x_2)\|_2\leqslant K\|x_1-x_2\|_2 \quad \forall x_1,x_2\in\mathbb{R}^n \tag{7.3}$$

则称 $f(x)$满足**全局 Hessian 利普希茨连续条件**。

直观地讲，如果二次连续可微函数 $f\in C^2(\mathbb{R}^n)$的梯度算子和 Hessian算子对于$\mathbb{R}^n$ 中任何两个点都没有急剧变化，则它满足全局梯度和 Hessian 利普希茨连续条件。然而，在机器学习应用中出现的许多目标函数的全局利普希茨常数 L(例如，$f(x)=x^4$)可能很大，甚至不存在。为了处理这种情况，可以使用一种更精细的梯度连续定义来

描述梯度的局部行为，尤其是对于非凸函数。这个定义在许多数学学科中都被采用，例如动力学系统。

令 $\delta>0$，对任意 $x_0\in\mathbb{R}^n$，x_0 的 δ-邻域定义如下：

$$V(x_0,\delta)=\{x\in\mathbb{R}^n \mid \|x-x_0\|_2<\delta\} \tag{7.4}$$

定义 7.3(局部梯度利普希茨连续条件) 设 $f\in C^2(\mathbb{R}^n)$，对于任意 $x_0\in\mathbb{R}^n$ 和邻域半径 $\delta>0$，如果存在常数 $L_{(x_0,\delta)}>0$ 使得

$$\|\nabla f(x)-\nabla f(y)\|_2\leqslant L_{(x_0,\delta)}\|x-y\|_2 \quad \forall x,y\in V(x_0,\delta) \tag{7.5}$$

则称 $f(x)$在 x_0 处满足**局部梯度利普希茨连续条件**。

接下来我们给出驻点、局部最小值点和严格鞍点的概念，它们在(非凸)优化中非常重要。

定义 7.4(驻点) 设 $x^*\in\mathbb{R}^n$，如果$\nabla f(x^*)=0$，则 x^* 是函数 $f\in C^2(\mathbb{R}^n)$的**驻点**。

定义 7.5(局部最小值点)设 $x^*\in\mathbb{R}^n$，若存在 x^* 的某个邻域 U，使得对任意 $x\in U$，均有 $f(x^*)<f(x)$，则 x^* 为 f 的**局部最小值**点。

驻点可能是局部最小值点、鞍点，也可能是局部最大值点。如果驻点 $x^*\in\mathbb{R}^n$ 是函数 $f\in C^2(\mathbb{R}^n)$的局部最小值点，则$\nabla^2 f(x^*)$是半正定的；另一方面，如果 $x^*\in\mathbb{R}^n$ 是 $f\in C^2(\mathbb{R}^n)$的驻点且$\nabla^2 f(x^*)$是正定的，则 x^* 为 f 的局部最小值点，需要注意的是此时驻点 x^* 是孤立的。

下面给出有关“严格”鞍点的定义，该定义也在文献[GHJY15]中分析过。

定义 7.6(严格鞍点)设 $x^* \in \mathbb{R}^n$，如果 x^* 为 f 的驻点并且 $\lambda_{\min} \nabla^2 f(x^*)) < 0$，则 x^* 为 $f \in C^2(\mathbb{R}^n)$的**严格鞍点**㊀。

我们将所有严格鞍点构成的集合记为 $\mathcal{X}$。根据定义，严格鞍点必须有逃逸方向，使得 Hessian 算子沿该方向的特征值严格小于零。对于机器学习中的许多非凸问题，所有的鞍点都是严格的。

接下来，我们将回顾多元分析和微分几何/拓扑中的其他概念，这些概念将在以后的分析中使用。

定义 7.7(梯度映射及其雅可比矩阵)对任意的 $f \in C^2(\mathbb{R}^n)$，步长为 h 的**梯度映射** g：$\mathbb{R}^n \to \mathbb{R}^n$ 定义为

$$g(x) = x - h \nabla f(x) \tag{7.6}$$

梯度映射 g 的**雅可比矩阵** Dg：$\mathbb{R}^n \to \mathbb{R}^{n \times n}$定义为

$$Dg(x) = \begin{bmatrix} \frac{\partial_{g1}}{\partial_{x1}}(x) & \cdots & \frac{\partial_{g1}}{\partial_{xn}}(x) \\ \vdots & & \vdots \\ \frac{\partial_{gn}}{\partial_{x1}}(x) & \cdots & \frac{\partial_{gn}}{\partial_{xn}}(x) \end{bmatrix} \tag{7.7}$$

或者等价地说，$Dg = I - h \nabla^2 f$。

定义 7.8(局部微分同胚映射)　设 M 和 N 是两个可微流形，如果

㊀ 为此，严格鞍点包括最大值点。

对于 M 中的每个点 x，存在一个包含 x 的开集 U，使得 $f(U)$ 在 N 中是开的且 $f|_U$：$U \to f(U)$ 是微分同胚映射，则称映射 f：$M \to N$ 是局部微分同胚映射。

定义 7.9（紧集）　设 $S \subseteq \mathbb{R}^n$，如果 S 的任意开覆盖都有有限子覆盖，则称 S 是**紧的**。

定义 7.10（水平子集）　映射 f：$\mathbb{R}^n \to \mathbb{R}$ 的 α **水平子集**定义为

$$C_\alpha = \{x \in \mathbb{R}^n \mid f(x) \leqslant \alpha\}$$

7.3　最大允许步长

首先，我们考虑具有固定步长的梯度下降法。下面的定理为避开所有严格鞍点提供了一个充分条件。

定理 7.1　*假设 $f \in C^2(\mathbb{R}^n)$ 满足全局梯度利普希茨连续条件（定义 7.1），常数 $L > 0$，则存在零测度集 $U \subset \left[\frac{2}{L}, \frac{2}{L}\right)$，使得如果 $h \in \left(0, \frac{2}{L}\right) \setminus U$，以及 $x_0 \in \mathbb{R}^n$ 是关于 $\mathbb{R}^n$ 上一个绝对连续测度的初始化点，则有*

$$\mathbf{Pr}(\lim_k x_k \in \mathcal{X}) = 0$$

其中 $\mathcal{X}$ 表示 f 所有严格鞍点的集合。

关于定理 7.1 的完整证明见 7.5 节。在这里，我们给出证明的高度概述。类似于文献[LSJR16]，我们的证明也依赖于中心-稳定流形定理[Shu13]。对于给定的鞍点 x^*，由稳定流形定理知局部收敛到 x^* 的所有点都在流形 $W_{loc}^{cs}(x^*)$ 中。而且，$W_{loc}^{cs}(x^*)$ 维数不超过 $n-1$，因此 $\mu(W_{loc}^{cs}(x^*))=0$。由 Lindelöf 引理(引理 7.6)，我们可以证明这些流形的并集 $W_{loc}^{cs}=\bigcup_{x^*\in\mathcal{X}}W_{loc}^{cs}(x^*)$ 的勒贝格测度为零。接下来，我们分析哪些初始点能够收敛到 W_{loc}^{cs}。利用梯度逆映射的概念，可以证明收敛于 W_{loc}^{cs} 的初始点属于集合

$$\bigcup_{i=0}^{\infty} g^{-i}(W_{loc}^{cs})$$

因此，现在只需要知道这个集合勒贝格测度的上界。如果 g 是局部微分同胚的，由引理 7.2，我们可以得到 $\mu\left(\bigcup_{i=0}^{\infty} g^{-i}(W_{loc}^{cs})\right) \leqslant \sum_{i=0}^{\infty}\mu(g^{-i}(W_{loc}^{cs}))=0$。因此，只要证明 g 是局部微分同胚。现有的研究工作均要求 $h\leqslant\frac{1}{L}$，从而确保 g 是全局微分同胚，当然也是局部微分同胚的。我们的研究是当 $h\in(1/L, 2/L)$时，只有一个零测度集 U，使 g 关于 $h\in U$ 在某些 x_t 处不是局部微分同胚。换句话说，对于几乎每个步长 $h\in(1/L, 2/L)$对任意的 t，g 在 x_t 处是局部微分同胚的。

定理 7.1 表明$[1/L, 2/L)$中可能导致 GD 收敛到严格鞍点的步长的测度为零。与文献[LSJR16，LPP⁺17，PP16]关于梯度下降法的最新结果相比，我们的定理允许最大(固定)步长为 $2/L$ 而不是 $1/L$。

7.3.1　定理 7.1 的相关推论

定理 7.1 的一个直接推论是当极限 $\lim_{k} x_k$ 存在时，固定步长小于 $2/L$ 的 GD 收敛到局部最小值。

推论 7.1(GD 收敛到最小值) 假设 f 满足定理 7.1 的条件且所有鞍点都是严格的，如果 $\lim_k x_k$ 存在，则 $\lim_k x_k$ 以概率为 1 收敛到 f 的局部最小值。

现在讨论 $\lim_k x_k$ 的存在性，下面的引理给出了 $\lim_k x_k$ 存在的一个充分条件。

引理 7.1 假设 $f \in C^2(\mathbb{R}^n)$ 具有全局梯度利普希茨常数 L 且具有紧水平子集。进一步假设 f 只包含孤立的驻点。如果 $0<h<2/L$，则对任意的初始点 x_0，$\lim_k x_k$ 收敛到 f 的驻点。

定理 7.1 和引理 7.1 共同推出了推论 7.1，推论 7.1 表明如果目标函数具有紧水平子集，对于小于 $2/L$ 的固定步长 h，GD 收敛到最小值。这个结果推广了文献[LSJR16，PP16]要求固定步长不超过 $1/L$ 的条件。

7.3.2 定理 7.1 的最优性

一个自然的问题是定理 7.1 中的条件 $h<2/L$ 是否可以进一步改进。下面的命题给出了否定的答案，在最糟的目标函数 f 下，固定步长 $h \geqslant 2/L$ 的 GD 以概率为 1 发散。这表明 $h<2/L$ 是 GD 几乎肯定收敛于局部最小的最优固定步长规则。

命题 7.1 假设 $f \in C^2(\mathbb{R}^n)$ 具有全局梯度利普希茨常数 $L>0$，紧水平子集和孤立的驻点，那么如果 $h \geqslant 2/L$，并且 x_0 是依据 $\mathbb{R}^n$ 上绝对连续密度得到的随机初始化点，则极限 $\lim_k x_k$ 不存在的概率为 1。

推论 7.1 的证明很简单，可以借助一个二次函数 $f \in C^2(\mathbb{R}^n)$，作为 GD 固定步长大于或等于 $h/2$ 的反例。

7.4　自适应步长规则

在许多机器学习应用中，目标函数 f 的全局梯度利普希茨常数 L 可能很大，但是在大多数情况下，局部梯度利普希茨常数可能要小得多。因此，有必要考虑变步长规则，根据 f 在 x_t 处的局部梯度利普希茨常数自适应地选择步长 h_t。我们知道当目标函数 f 为凸函数时，变步长梯度下降法是收敛的[Nes13]。但是，当 f 为非凸时，变步长的 GD 是否可以避开严格鞍点仍然未知。现有的研究工作[LSJR16, LPP+17, PP16]均需要固定的步长。我们接下来的结论填补了这一空白，表明如果在每个点 x_t 选择的步长与局部梯度利普希茨常数 $L_{x_t,\delta}$ 成正比，GD 就可以避开严格鞍点。

定理 7.2　假设 $f\in C^2(\mathbb{R}^n)$ 满足具有参数 K 的全局 Hessian 利普希茨连续条件(定义 7.2)，而且对所有的 $x^*\in\mathcal{X}$，$\nabla^2 f(x^*)$ 都是非奇异的。取定 $\varepsilon_0\in(0,1)$，令 $r=\max\limits_{x^*\in\mathcal{X}}K^{-1}\varepsilon_0\|\nabla^2 f(x^*)\|_2$，则存在测度为零的集合 $U\subset\mathbb{R}^+$，如果第 t 次迭代的步长满足 $h_t\in\left[\frac{\varepsilon_0}{L_{x_t,r}},\frac{2-\varepsilon_0}{L_{x_t,r}}\right]\backslash U\ (t=0,1,\cdots)$，$\mathbb{R}^n$ 上的绝对连续密度随机初始化得到 x_0，则有

$$\mathbf{Pr}(\lim_t x_t\in\mathcal{X})=0$$

定理 7.2 表明，即使步长大小随着迭代过程不断变化，但只要步长大小与它们的局部光滑度成正比，则 GD 仍然可以避开所有严格鞍点。据我们所知，这是变步长 GD 避开所有严格鞍点的第一个结果。定理 7.2 局部步长要求 $h_t\in\left[\frac{\varepsilon_0}{L_{x_t,\delta}},\frac{2-\varepsilon_0}{L_{x_t,\delta}}\right]$。

定理 7.2 的证明过程与定理 7.1 相似。我们首先对收敛到鞍点的点集的勒贝格测度进行局部刻画，然后使用引理 7.2 将该集与初始化联系起来。其中主要的难题是稳定流形定理不适用这种情况，因为梯度映射 g 不再固定而是随着迭代发生变化。为此，这里我们没有利用稳定流形定理，而是采用了更一般的 Hartman 积映射定理[Har82]，该定理可以更好地刻画围绕鞍点的一系列梯度映射的局部特性。

与定理 7.1 和 7.2 不同，它还有两个假设。首先，我们要求每个鞍点的 Hessian 矩阵$\nabla^2 f(x^*)$是非奇异的(即没有零特征值)。这是利用 Hartman 积映射定理的一个前提条件。为了消除这一假设，我们需要对 Hartman 积映射定理进行推广，这在动力学系统中是一个具有挑战性的问题。其次，我们要求 Hessian 矩阵$\nabla^2 f(x^*)$满足全局利普希茨连续条件(定义 7.2)。这是因为 Hartman 积映射定理要求步长与每个鞍点附近的利普希茨常数成正比，并且需要仔细量化该邻域的半径。在 Hessian 利普希茨连续假设下，我们可以给出这个半径的一个上界，这个上界足以使 Hartman 积映射定理的条件成立。基于 Hessian上的其他定量连续假设，可以给出该半径更精细的上界。7.6 节给出了定理 7.2 的完整证明。

7.5 定理 7.1 的证明

为了证明定理 7.1，类似于文献[LSJR16]，我们先给出动力系统研究中的中心-稳定流形定理。

定理 7.3(定理 III.7，[Shu13]第 65 页) 设 0 是 C^r 局部微分同胚映射 f：$U\to\mathbb{R}^n$ 的一个不动点，其中 U 是$\mathbb{R}^n$ 中零点的一个邻域，$1\leqslant r<\infty$。设 $E^s\oplus E^c\oplus E^u$ 是$\mathbb{R}^n$ 到 $Df(0)$广义特征空间的直和分解，分别对应于特征值的绝对值小于1、等于1和大于1。对于 $Df(0)$的不

变子空间 $E^s \oplus E^c$，E^c，存在零点处相切于该线性子空间的一个局部 f 不变 C^r 嵌入式圆盘 W_{loc}^{cs}，以及在一个自适应范数下包含零点的球 B，使得

$$f(W_{loc}^{cs}) \cap B \subset W_{loc}^{cs}$$

此外，对任意满足 $f^n(x) \in B(n \geqslant 0)$ 的 x㊀，都有 $x \in W_{loc}^{cs}$。

对每个鞍点 $\mathcal{X}^*$，定理 7.3 蕴含了一个以 $\mathcal{X}^*$ 为中心的球 B_{x^*}，以及不超过 $n-1$ 维的不变流形 $W_{loc}^{cs}(x^*)$ 的存在性。设 $B=\bigcup_{x^* \in \mathcal{X}} B_{x^*}$，由 Lindelöf 引理(引理 7.6)可知存在可数集 $\mathcal{X}' \subset \mathcal{X}$ 使得

$$B = \bigcup_{x^* \in \mathcal{X}'} B_{x^*}$$

由于 $W_{loc}^{cs}(x^*)$ 的维数最多为 $n-1$ 维，所以 $\mu(W_{loc}^{cs}(x^*))=0$。从而 W_{loc}^{cs} 的测度可以界定为

$$\mu(W_{loc}^{cs}) = \mu\Big(\bigcup_{x^* \in \mathcal{X}'} W_{loc}^{cs}(x^*)\Big) \leqslant \sum_{x^* \in \mathcal{X}'} \mu(W_{loc}^{cs}(x^*)) = 0$$

其中第一个不等式来自勒贝格测度的次可加性。

为了将这些鞍点的稳定流形与初始化联系起来，我们需要分析梯度映射。与以前的分析相比，我们仅需要梯度映射是局部微分同胚而不是全局微分同胚，这是相当弱的条件，但足以满足我们的要求。该结果存在于以下引理中。

引理 7.2　如果光滑映射 g：$\mathbb{R}^n \to \mathbb{R}^n$ 是局部微分同胚，则对每一个 $\mu(S)=0$ 的开集 S，$g^{-1}(S)$ 的测度也为零，即 $\mu(g^{-1}(S))=0$。

㊀ $f^n(x)$ 表示 f 在 x 处重复作用 n 次。

接下来，我们证明可以在$(0, 2/L)$区间选择合适的步长，使除零测度集外g是局部微分同胚映射。

引理 7.3　式(7.6)中的梯度映射g：$\mathbb{R}^n \to \mathbb{R}^n$是局部微分同胚映射，其中步长$h \in (0, 2/L) \setminus H$，$H \subseteq [1/L, 2/L)$，测度为零。

有了引理 7.2 和引理 7.3，其余的证明就简单多了。由引理 7.3 可知在步长$h \in (0, 2/L) \setminus H$和$\mu(H)=0$的情况下，梯度下降是局部微分同胚。此外，由引理 7.2 我们有

$$\mu\left(\bigcup_{i=0}^{\infty} g^{-i}(W_{loc}^{cs})\right) \leqslant \sum_{i=0}^{\infty} \mu(g^{-i}(W_{loc}^{cs})) = 0$$

因此，只要随机初始化方案关于勒贝格测度是绝对连续的，GD 就不会收敛到鞍点。

7.6　定理 7.2 的证明

本节证明定理 7.2。首先请注意，如果可以证明一个收敛于严格鞍点的局部流形的勒贝格测度为 0，那么我们就可以再利用这些结论来证明定理 7.1。为了描述 GD 在不同步长迭代时的局部特性，我们采用了广义 Hartman 积映射定理。

7.6.1　Hartman 积映射定理

在给出这个定理之前，我们需要先引入一些条件和定义。

假设 7.1(Hypothesis (H_1) [Har71])　设$(X, \|\cdot\|_X)$和$(Y, \|\cdot\|_Y)$为 Banach 空间，$Z = X \times Y$的范数$\|\cdot\|_Z = \max(\|\cdot\|_X,$

$\|\cdot\|_Y$)。令 $Z_r(0)=\{z\in Z:\|z\|_Z<r\}$，设 $T_n(z)=(A_nx, B_ny)+(F_n(z), G_n(z))$为 $Z_r(0)$到 Z 的映射，具有不动点 0 和连续 Fréchet 微分，其中 $A_n: X\to X$ 和 $B_n: Y\to Y$ 均是线性算子，且 B_n 是可逆的。假设

$$\begin{gathered}\|A_n\|X\leqslant a<1,\ \|B_n^{-1}\|_Y\leqslant 1/b\leqslant 1\\ 0<4\delta<b-a,\ 0<a+2\delta<1\\ F_n(0)=0,\ G_n(0)=0\text{ 和}\\ \begin{cases}\|F_n(z_1)-F_n(z_2)\|_X\leqslant\delta\|z_1-z_2\|_Z\\ \|G_n(z_1)-G_n(z_2)\|_Y\leqslant\delta\|z_1-z_2\|_Z\end{cases}\end{gathered}\tag{7.8}$$

这里 A_n 表示鞍点处 Hessian 矩阵正特征值特征空间上的局部线性算子，B_n 是其余空间上的局部线性算子。F_n 和 G_n 是高阶函数，它们在 0 处的函数值为零。

本节研究的主要数学对象是以下不变集。

定义 7.11(不变集)　与假设 7.1 中的符号相同，设 $T_1, \cdots, T_n$ 是 n 个从 $Z_r(0)$到 Z 的映射，$S_n=T_n\circ T_{n-1}\circ\cdots\circ T_1$ 是乘积映射，$\mathcal{D}_n$ 是乘积映射 S_n 的**不变集**，$\mathcal{D}=\bigcap_{n=1}^{\infty}\mathcal{D}_n$

这个集合对应于收敛于严格鞍点的那些点。为了研究它的性质，我们考虑一个特定的子集。

定义 7.12([Har71])　$\mathcal{D}^{a\delta}$为 $z_0=(x_0, y_0)\in\mathcal{D}$组成的集合，其中 $z_n\equiv S_n(z_0)\equiv(x_n, y_n)$使得对 $\forall n$，有 $\|y_n\|_Y\leqslant\|x_n\|_X\leqslant(a+2\delta)^n\|x_0\|_X$。

现在我们准备介绍Hartman积映射定理。

定理 7.4(定理 7.1，[Har71])　在假设 7.1 的条件下，$\mathcal{D}^{a\delta}$是 C^1 流形，而且对某一函数 y_0 有

$$\mathcal{D}^{a\delta} = \{z = (x, y) \in D \mid y = y_0(x)\}$$

其中 y_0 在 $X_r(0)$ 上是连续的，并且存在连续的 Fréchet 微分 $D_x y_0$，$z_n = S_n(x_0, y_0) \equiv (x_n(x_0), y_n(x_0))$。此外，对于任意的 $|x_0|$，$|x^0| < r$ 和 $n = 0, 1, \cdots$，我们有

$$\|y_n(x^0) - y_n(x_0)\|_Y \leqslant \|x_n(x^0) - x_n(x_0)\|_X \leqslant (a + 2\delta)^n \|x^0 - x_0\|_X$$
$$y_n(x_0) = y_0(x_n(x_0))$$

备注 7.1 C^1-流形 $y = y_0(x)$ 等价于 $y - y_0(x) = 0$。y 在不动点 0 处的切流形是交集 $\bigcap_{i=1}^{\dim(y)} \{(x, y) \mid \nabla_x y_i(x_0) \cdot x - y_i = 0\}$。以空间$\mathbb{R}^n$ 为例，$\{(x, y) \mid \nabla_x y_i(x_0) \cdot x - y_i = 0\}$ 为$\mathbb{R}^n$ 的子空间，维数不超过 $n-1$，因此其勒贝格测度为 0。

备注 7.2 若令 $x^0 = 0$，而 0 是不动点，则定理 7.4 的结论可更改为

$$\|y_n(x_0) - y_n(0)\|_Y \leqslant \|x_n(x_0) - x_n(0)\|_X \leqslant (a + 2\delta)^n \|x_0 - 0\|_X$$
$$y_n(0) = y_0(x_n(0)) = 0, \quad x_n(0) = 0$$

下面的定理表明在一定条件下，$D^{a\delta}$ 实际上就是 D。

定理 7.5（命题 7.1，[Har71]） 令 $z_0 \in \mathcal{D}$，$z_n = S_n(z_0)$，$n = 0, 1, \cdots$。

1) 对某个 $m \in \mathbb{N}$，如果不等式

$$\|y_m\|_Y \geqslant \|x_m\|_X$$

成立，则当 $n > m$ 时，有

$$\|y_m\|_Y \geqslant \|x_m\|_X, \quad \|y_n\|_Y \geqslant (b-2\delta)^{n-m}\|y_m\|_Y$$

2)否则，对所有 $n\in\mathbb{N}$，有

$$\|y_n\|_Y \leqslant \|x_n\|_X \leqslant (a+2\delta)^n\|x_0\|_X$$

由定理 7.5 可以推出如下有用的结论。

推论 7.2 如果 $b-2\delta>1$，则 $D=D^{a\delta}$。

7.6.2 定理 7.2 的完整证明

首先将 GD 的参数与假设 7.1 中的符号对应起来。设 x^* 为严格的鞍点，则 $\nabla^2 f(x^*)$ 为非奇异矩阵，只有非零特征值。我们令 $\mathbb{R}^n=X\times Y$，其中 X 为 $\nabla^2 f(x^*)$ 正特征值的特征空间，Y 为 $\nabla^2 f(x^*)$ 负特征值的特征空间。对任意 $z\in\mathbb{R}^n$，则 z 可表示为 $z=(x, y)$，其中 x 代表 X 中的分量，y 代表 Y 中的分量。假设 7.1 中的映射 T_1，T_2，…对应梯度映射，A_n，B_n，F_n 和 G_n 与假设 7.1 中的定义一致。下一个引理表明，在我们对步长的假设下，GD 的动态变化满足假设 7.1。

引理 7.4 设 $f\in C^2(\mathbb{R}^n)$ 且 Hessian 利普希茨常数为 K，x^* 为严格的鞍点，令 $L=\|\nabla^2 f(x^*)\|_2$，$\mu=\|(\nabla^2 f(x^*))^{-1}\|_2^{-1}$。对任意的 $\varepsilon_0\in(0, 1)$，如果步长 $h_t\in\left[\frac{\varepsilon_0}{L}, \frac{2-\varepsilon_0}{L}\right]$，则有

$$\|A_t\|_2 \leqslant 1-\varepsilon_0 \text{ 和 } \|B_t^{-1}\|_2 \leqslant \frac{1}{1+\frac{\varepsilon_0\mu}{L}}$$

并且对任意 z_1，$z_2\in\mathbb{R}^n$，有 $\max(\|F_t(z_1)-F_t(z_2)\|_2, \|G_t(z_1)-G_t(z_2)\|_2)\leqslant\delta\|z_1-z_2\|_2$，其中 $\delta=\frac{\varepsilon}{5}$，$r=\frac{\varepsilon L}{20K}$。

设 D 为定义 7.12 中定义的不变集。根据定理 7.4、备注 7.1 和备注 7.2，我们知道在定义 7.12 中定义的诱导收缩 C^1 流形 $\mathcal{D}^{a\delta}$ 的维数最多为 $n-1$. 根据推论 7.2，我们知道 $D=\mathcal{D}^{a\delta}$。因此，收敛到严格鞍点的点集的勒贝格测度为零。与定理 7.1 的证明类似，由于梯度映射是局部微分同胚的，因此在随机初始化的情况下，GD 不会收敛到任何鞍点。

7.7　辅助定理

引理 7.5（反函数定理）　设 $f: M \to N$ 为光滑映射，且 $\dim(M)=\dim(N)$。假设 f 在 $p \in M$ 处雅可比矩阵 Df_p 是非奇异的，则 f 在 p 处是局部微分同胚的，即存在包含 p 的开邻域 U 使得

1) f 在 U 上是单射。

2) $f(U)$ 是 N 的开子集。

3) $f^{-1}: f(U) \to U$ 是光滑的。

特别地，有 $D(f^{-1})_{f(p)}=(Df_p)^{-1}$。

引理 7.6（Lindelöf 引理）　每一个开覆盖都有一个可数子覆盖。

7.8　技术证明

证明　在用定理 7.5 证明引理 7.2 的过程中，我们发现对每一点 $x \in S$，存在一个开集 $U_x \in \mathbb{R}^n$，使得 g 是非奇异的。设 $W_x = S \cap U_x$，则有

$$S \subseteq \bigcup_{x \in S} W_x$$

由 Lindelöf 引理，存在一个可数元素 $x\in S$ 的集合 S'，使得

$$S\subseteq\bigcup_{x\in S'}W_x$$

因为 D_g 在 W_x 上是非奇异的，所以 g 在 W_x 上是一对一的映射。因此，我们有 $\mu(g^{-1}(W_x))=0$，即

$$\begin{aligned}\mu\Big(g^{-1}\Big(\bigcup_{x\in S}W_x\Big)\Big)&=\mu\Big(g^{-1}\Big(\bigcup_{x\in S'}W_x\Big)\Big)\leqslant\mu\Big(\bigcup_{x\in S'}g^{-1}(x)\Big)\\&\leqslant\sum_{x\in S'}\mu(g^{-1}(x))=0\end{aligned}$$

其中第二个不等式来自勒贝格测度的单调性，第三个不等式由勒贝格测度的次可数可加性可得。■

证明　（引理 7.3 的证明）　如果梯度映射 Dg 的雅可比矩阵在某点 $x\in\mathbb{R}^n$ 是非奇异的，由雅可比矩阵 Dg 的连续性，可知 Dg 在包含 x 的某个开邻域 $\mathcal{U}_x$ 上是非奇异的。因此，我们有

$$\mathbb{R}^n\subseteq\bigcup_{x\in\mathbb{R}^n}\mathcal{U}_x$$

由 Lindelöf 引理，存在一个 $x\in\mathbb{R}^n$ 的可数子集 $\mathcal{S}$，使得

$$\mathbb{R}^n\subseteq\bigcup_{x\in\mathcal{S}}\mathcal{U}_x$$

设 $\mathcal{H}_x$ 为开集 $\mathcal{U}_x$ 上雅可比矩阵 Dg 为奇异的步长集合。根据 $\mathcal{U}_x$ 的定义，可知 $\mathcal{H}_x$ 最多有 n 个元素。因此，我们有

$$\mu H(H_x)=0\text{ 和 }H=\bigcup_{x\in\mathcal{S}}H_x$$

其中 H 满足梯度映射的雅可比矩阵为非奇异的步长 $h\in\left(0,\frac{2}{L}\right)\setminus H$。

由勒贝格测度的次可数可加性可得

$$\mu(H)=\mu\Big(\bigcup_{x\in\mathcal{S}}H_x\Big)\leqslant\sum_{x\in\mathcal{S}}\mu(H_x)=0$$

■

证明（命题 7.1 的证明）　考虑二次型：

$$f(x)=\frac{1}{2}x^{\mathrm{T}}\mathbf{A}x$$

其中 $\boldsymbol{A}$ 为对角矩阵 $\mathbf{A}=\mathbf{diag}(\lambda_1, \cdots, \lambda_n)$，且有 $\lambda_1>\lambda_2\cdots\lambda_n>0$。$f$ 的全局梯度利普希茨常数 L 等于 λ_1。现在考虑梯度动态特性

$$x_{t+1}=x_t-h\mathbf{A}x_t=(\boldsymbol{I}-h\mathbf{A})x_t$$

因为 $h\geqslant\frac{2}{L}$，$\lambda_{\max}(\boldsymbol{I}-h\mathbf{A})\geqslant 1$，因此序列 $\{x_0, x_1, \cdots\}$ 不收敛。■

证明（引理 7.4 的证明）　如果 $x_t\in V_r(x^{\star})$，步长满足

$$h_t\in\left[\frac{\varepsilon_0}{L_{(x_t, r)}},\frac{2-\varepsilon_0}{L_{(x_t, r)}}\right]\subseteq\left[\frac{\varepsilon_0}{L-2Kr},\frac{2-\varepsilon_0}{L}\right]$$

$$\subseteq\left[\frac{\varepsilon_0}{L(1-0.1\varepsilon_0)},\frac{2-\varepsilon_0}{L}\right]$$

则有

$$h_t\in\left[\frac{\varepsilon_0'}{L},\frac{2-\varepsilon_0'}{L}\right]$$

其中 $\varepsilon_0'=\frac{\varepsilon_0}{1-0.1\varepsilon_0'}$。因为 $\boldsymbol{A}_t$ 和 $\boldsymbol{B}_t$ 是对角阵，所以 2 范数等于最大特征值，即

$$
\begin{aligned}
\|\boldsymbol{A}_t\|_2 &= 1-\max|\lambda(\nabla^2 | f(x^\star))\cdot h \leqslant 1-\varepsilon_0 \\
\|\boldsymbol{B}_t^{-1}\|_2 &= \frac{1}{1+\mu\ \min|\lambda(\nabla^2 f(x^*))|h} \leqslant \frac{1}{1+\frac{\varepsilon_0\mu}{L}}
\end{aligned}
$$

此外，我们还有

$$
\begin{aligned}
&\max(\|F_1(z_1)-F_1(z_2)\|_2, \|F_2(z_1)-F_2(z_2)\|_2) \\
&\quad \leqslant h\|(\nabla f(x)-\nabla f(y))+\nabla^2 f(x^\star)(x-y)\|_2 \\
&\quad \leqslant hK(\|z_1\|_2+\|z_2\|_2)\|z_1-z_2\|_2
\end{aligned}
$$

代入步长便可得到我们要证明的结论。 ■

7.9　小结

在本章中，我们考虑了适用于非凸优化问题的梯度下降法(GD)的最优自适应步长规则。我们证明了固定步长不超过 $2/L$ 的 GD 几乎肯定不收敛到严格的鞍点，扩展了[LSJR16，PP16]要求步长不超过 $1/L$ 的结论。我们还建立了在附加条件下，GD 在变化/自适应步长下避开严格鞍点的特性。

对于非凸目标函数，一个重要的开放性问题是推导出对于非凸目标函数具有不同步长规则的 GD 算法的显式收敛速度，而研究具有维数 d 的多项式迭代次数的 GD 收敛到局部最小值的非凸问题也是特别有意义的。虽然文献[DJL$^+$17]的工作排除了函数 f 光滑的可能性，但是在一定假设下，GD 的多项式迭代复杂度对于非凸目标问题仍可能适用。

第 8 章 基于优化的守恒定律方法

本章组织如下：8.1 节为简单的一维二次函数提供了一种解析解；8.2 节出了基于辛欧拉方法的人工耗能算法、节能算法和组合算法，并提出了一种二阶方法—Störmer-Verlet 算法；8.3 节给出了快速收敛的局部理论分析；8.4 节针对高维强凸、非强凸和非凸函数的算法进行了实验验证。最后，根据牛顿第二定律(流体和量子)的演化给出了所提算法的观点和两个新想法。

8.1 准备：直观的解析演示

对于拥有病态 Hessian 矩阵的简单一维函数 $f(x)=\frac{1}{200}x^2$，初始条件 $x_0=1000$，方程(3.9)的解和代入解的函数值表达式如下：

$$\begin{cases} x(t) = x_0 \mathrm{e} - \frac{1}{100}t & (8.1) \\ f(x(t)) = \frac{1}{200}x_0^2 \mathrm{e}^{-\frac{1}{50}t} & (8.2) \end{cases}$$

对于方程(3.10)，最佳摩擦参数 $\gamma_t=\frac{1}{5}$，则方程解和代入解的函数值表达式如下：

$$\begin{cases} x(t) = x_0 \left(1+\frac{1}{10}t\right)\mathrm{e}^{-\frac{1}{10}t} & (8.3) \\ f(x(t)) = \frac{1}{200}x_0^2\left(1+\frac{1}{10}t\right)^2 \mathrm{e}^{-\frac{1}{5}t} & (8.4) \end{cases}$$

方程(3.12)的解和代入解的函数值表达式如下：

$$\begin{cases} x(t) = x_0 \cos\left(\frac{1}{10}t\right), v(t) = x_0 \sin\left(\frac{1}{10}t\right) & (8.5) \\ f(x(t)) = \frac{1}{200}x_0^2 \cos^2\left(\frac{1}{10}t\right) & (8.6) \end{cases}$$

方程解对应$|v|$取最大值。当$|v|$取最大值时，由式(8.2)、式(8.4)和式(8.6)可得，函数值逼近$f(x^\star)$，如下所示。

假设局部凸二次函数具有最大特征值为L，最小特征值为μ。通常，在动量法和Nesterov梯度加速法中，以$\frac{1}{\sqrt{L}}$为步长，那么迭代次数约为

$$n \sim \frac{\pi}{2}\sqrt{\frac{L}{\mu}}$$

那么迭代次数n正比于最小特征值平方根$\sqrt{\mu}$的倒数，这与梯度法和动量法的收敛速度具有本质的不同(图8-1)。

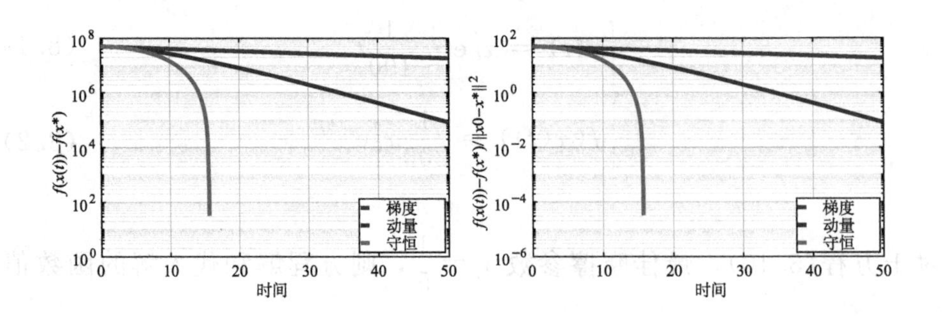

图8-1 用式(8.2)、式(8.4)和式(8.6)的解析解最小化$f(x)=\frac{1}{200}x^2$，函数驻留在$|v|$达到最大值处，其中初始值$x_0=1000$，步长$\Delta t=0.01$。

8.2 辛方法与算法

本章利用数值求解哈密尔顿系统中的如下一阶辛欧拉格式，提出了相应的人工耗能算法，以找到凸函数的全局最小值，或非凸函数的局部最小值

$$\begin{cases} x_{k+1} = x_k + hv_{k+1} \\ v_{k+1} = v_k - h\,\nabla f(x_k) \end{cases} \tag{8.7}$$

然后利用速度的可观测性，提出了一种能量守恒算法用于检测沿轨迹的局部最小值。最后提出一种组合算法，能够在某些局部最小值之间找到更好的局部最小值。

备注 8.1 在下面的所有算法中，辛欧拉方法可以用被 Störmer-Verlet 方法代替：

$$\begin{cases} v_{k+1/2} = v_k - \dfrac{h}{2}\,\nabla f(x_k) \\ x_{k+1} = x_k + hv_{k+1/2} \\ v_{k+1} = v_{k+1/2} - \dfrac{h}{2}\,\nabla f(x_{k+1}) \end{cases} \tag{8.8}$$

即使步长加倍并保持哈密顿系统的左右对称性，该方法也比辛方法好。Störmer-Verlet 方法是二阶 ODE 的离散化，在 PDE 中被称为蛙跳方法：

$$x_{k+1} - 2x_k + x_{k-1} = -h^2\,\nabla f(x_k) \tag{8.9}$$

值得注意的是，由于动量项是有偏的，所以式(8.9)的离散方法与文献[SBC14]分析二阶 ODE 稳定性时所采用的有限差分近似的前向欧拉法不同。

8.2.1 人工耗能算法

首先，基于式(8.7)，提出人工耗能算法，如下所示。

算法 1 人工耗能算法

1：给定一个起点 $x_0 \in \mathbf{dom}(f)$
2：初始化步长 h，最大迭代次数 maxiter 和速度变量 $v_0=0$
3：初始化迭代变量 $v_{iter}=v_0$
4：**while** $\|\nabla f(x)\|>\varepsilon$ 且 $k<$maxiter **do**
5：　依据式(8.7)的第二个等式中方程计算 v_{iter}
6：　**if** $\|v_{iter}\|\leqslant\|v\|$ then
7：　　$v=0$
8：　**else**
9：　　$v=v_{iter}$
10：　**end if**
11：　依据式(8.7)的第一个等式计算 x
12：　$x_k=x$；
13：　$f(x_k)=f(x)$；
14：　$k=k+1$；
15：**end while**

备注 8.2 在算法 1 执行时，为了加快计算速度，在 while 循环中不需要 12 行和 13 行代码。

简单示例

在这里，我们使用带有病态特征值的简单凸二次函数进行说明，如下所示：

$$f(x_1, x_2)=\frac{1}{2}(x_1^2+\alpha x_2^2) \tag{8.10}$$

其中最大特征值 $L=1$，最小特征值 $\mu=\alpha$。因此式(8.10)的步长为

$$\frac{1}{L}=\sqrt{\frac{1}{L}}=1$$

图 8-2 中展示了梯度法、动量法、Nesterov 梯度加速法和人工耗能法的收敛速度，其中步长设置为 $h=1$ 和 $h=0.5$，动量法的最佳摩擦参数 $\gamma=\frac{1-\sqrt{\alpha}}{1+\sqrt{\alpha}}(\alpha=10^{-5})$。图 8-3 展示了拥有最优步长的四种方法的对比，其中梯度法 $h=\frac{2}{1+\alpha}$，动量法 $h=\frac{4}{(1+\sqrt{\alpha})^2}$，Nesterov 梯度加速法 $h=1$，人工耗能法 $h=0.5$。

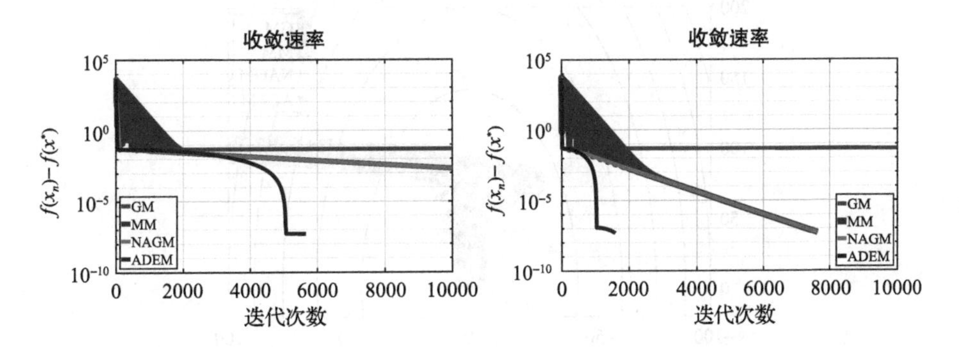

图 8-2　梯度法、动量法、Nesterov 梯度加速法、人工耗能法在式(8.10)最小化中的应用对比，其中迭代终止条件 $\varepsilon=1e-6$，左侧步长 $h=0.1$，右侧步长 $h=0.5$

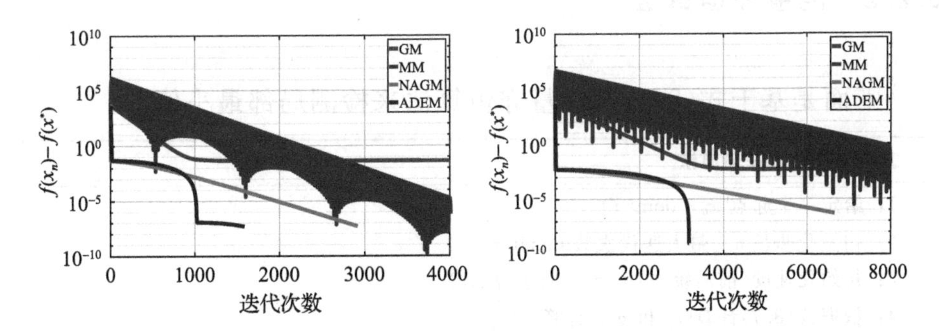

图 8-3　梯度法、动量法、Nesterov 梯度加速法、人工耗能法在式(8.10)最小化中的应用对比，其中迭代终止条件 $\varepsilon=1e-6$，左侧系数 $\alpha=10^{-5}$，右侧系数 $\alpha=10^{-6}$

对收敛速率的解释，说明需要对轨迹进行学习。由于式(8.10)中病态函数四种方法的轨迹都非常狭窄，因此我们使用条件相对较好的函数来显示轨迹，如图 8-4 所示，$\alpha=\frac{1}{10}$。

图 8-4 中高亮部分表明，与动量法相比，梯度校正可减少振荡。此外还能观察到，人工耗散方法与其他三种方法具有相同的特性，就是如果轨迹在一维进入局部极小值，它将不会离局部极小值很远。尽管如此，从图 8-2 和图 8-3 可以看出，人工耗能方法的收敛速度更快。

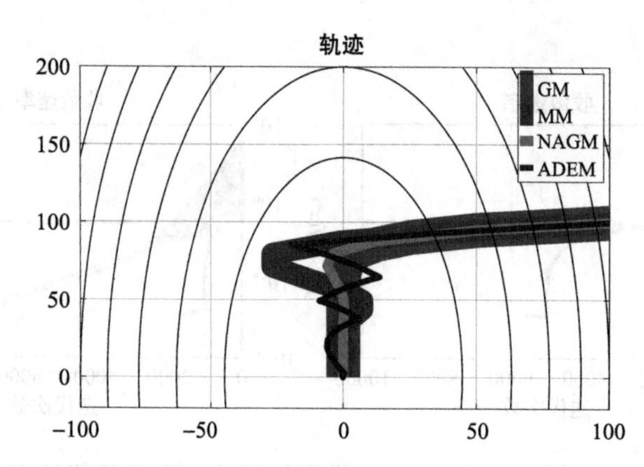

图 8-4　式(8.10)中梯度法、动量法、Nesterov 梯度加速法和人工耗能法的轨迹对比，$\alpha=0.1$

8.2.2　能量守恒算法

下面是基于式(8.7)的能量守恒算法来检测局部最小值。

算法 2　能量守恒算法

1：给定一个起点 $x_0\in \mathrm{dom}(f)$
2：初始化步长 h、最大迭代次数 maxiter
3：初始化速度(前后统一)$v_0>0$，计算 $f(x_0)$
4：依据式(8.7)计算 x_1 和 v_1，计算 $f(x_1)$
5：**for** $k=1$：n **do**
6：　依据式(8.7)计算 x_{k+1} 和 v_{k+1}
7：　计算 $f(x_{k+1})$
8：　**if** $\|v_k\|\geqslant\|v_{k+1}\|$ 且 $\|v_k\|\geqslant\|v_{k-1}\|$ **then**
9：　　存储 x_k
10：　**end if**
11：**end for**

备注 8.3　在算法 2 中，可以将 $v_0>0$ 设置为使总能量足够大以爬上某个峰值。与算法 1 类似，为了加速计算，可以在循环中省略函数值 $f(x)$。

简答示例

此处我们使用非凸函数进行说明，如下所示：

$$f(x)=\begin{cases}2\cos(x), & x\in[0, 2\pi]\\ \cos(x)+1, & x\in[2\pi, 4\pi]\\ 3\cos(x)-1, & x\in[4\pi, 6\pi]\end{cases} \tag{8.11}$$

这是 2 阶光滑函数，而不是 3 阶光滑。最大特征值计算如下：

$$\max_{x\in[0,6\pi]} |f''(x)|=3$$

步长设置为 $h\sim\sqrt{\frac{1}{L}}$，图 8-5 对算法 2 模拟轨迹以及找到局部最小值进行了说明。

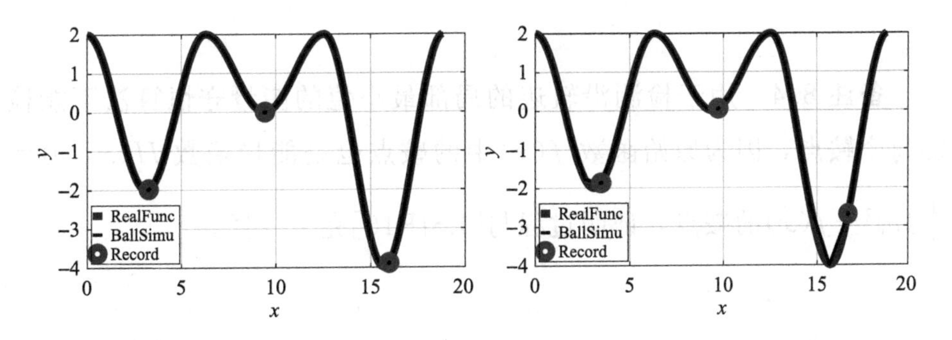

图 8-5　左图：步长 $h=0.1$，180 次迭代；右图：步长 $h=0.3$，61 次迭代

另一个 2D 势函数如下所示：

$$f(x_1, x_2)=\frac{1}{2}[(x_1-4)^2+(x_2-4)^2+8\sin(x_1+2x_2)] \tag{8.12}$$

这是光滑函数，且$(x_1, x_2)\in[0, 8]\times[0, 8]$，最大特征值计算如下：

$$\max_{x\in[0,6\pi]} |\lambda(f''(x))|\geqslant 16$$

步长设置为$h\sim\sqrt{\frac{1}{L}}$，图 8-6 对算法 2 模拟轨迹以及找到局部最小值进行了说明。

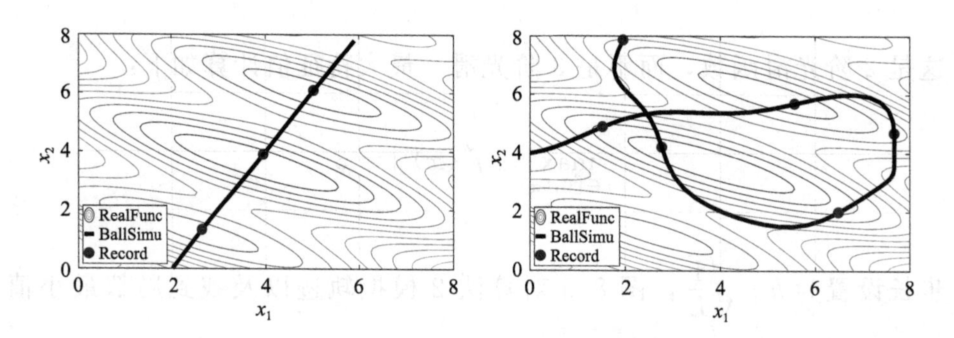

图 8-6　步长 $h=0.1$，左图：初始值(2, 0)，迭代 23 次；右图：初始值(0, 4)，迭代 62 次

备注 8.4　用于检测沿轨迹的局部最小值的能量守恒算法不能检测每个鞍点，因为原始函数 $f(x)$中的鞍点也是能量函数 $H(x, v)=\frac{1}{2}\|v\|^2+f(x)$的鞍点，证明过程与[LSJR16]完全一样。

8.2.3　组合算法

最后，我们提出一种综合算法，将人工耗能算法(算法 1)和能量守恒算法(算法 2)相结合，以求出全局最小值。

算法 3 组合算法

1：给定起点 X_0，$x_{0,i}\in\mathbf{dom}(f)$，$i=1,\cdots,n$
2：运行算法 2 检测局部最小值点，记作 x_j，$j=1,\cdots,m$
3：使用步骤 2 中检测的局部最小值点作为起点，并运行算法 1，得到新的局部最小值点，记作 x_k，$k=1,\cdots,l$
4：比较 $f(x_k)$，$k=1,\cdots,l$，以找到全局最小值

备注 8.5 如果初始位置不是遍历性的，则组合算法(算法 3)无法保证找到全局最小值，且对局部最小值的跟踪取决于轨迹，然而，基于该算法的计算时间和精度却远优于高采样梯度法。我们所提算法使确定全局最小值变得可行。

8.3 局部高速收敛现象的渐近分析

在本节中，我们分析图 8-1、图 8-2 和图 8-3 中所示的收敛情况。不失一般性，我们使用转换函数 $y_k=x_k-x^\star$($x^\star$是局部最小值)，则式(8.7)变换为：

$$\begin{cases} y_{k+1}=y_k+hv_{k+1} \\ v_{k+1}=v_k-h\,\nabla f(x^\star+y_k) \end{cases} \tag{8.13}$$

局部线性化方案如下：

$$\begin{cases} y_{k+1}=y_k+hv_{k+1} \\ v_{k+1}=v_k-h\,\nabla^2 f(x^\star)y_k \end{cases} \tag{8.14}$$

备注 8.6 局部线性化分析基于有限维稳定定理(the stability theorem in finite dimension)、不变稳定流形定理(the invariant stable manifold theorem)和 Hartman-Grobman 线性化映射定理(Hartman-Grobman linearized map theorem)[Har82]。该思想首先在[Pol64]用于

估计动量法的局部收敛性，并且在［LSJR16］中，该思想用于阻止收敛到鞍点。但是，以上两个定理属于 ODE 的定性定理，因此，线性化方案(8.14)仅是本书原始方案(8.13)的近似估计。

8.3.1　线性化方案的一些引理

令 $\boldsymbol{A}$ 表示半正定对称矩阵 $\nabla^2 f(x^*)$。

引理 8.1　数值算法：

$$\begin{bmatrix} x_{k+1} \\ v_{k+1} \end{bmatrix} = \begin{bmatrix} \boldsymbol{I}-h^2\boldsymbol{A} & h\boldsymbol{I} \\ -h\boldsymbol{A} & \boldsymbol{I} \end{bmatrix} \begin{bmatrix} x_k \\ v_k \end{bmatrix} \tag{8.15}$$

等价于线性化辛欧拉算法(8.14)，其中线性转换矩阵为：

$$M = \begin{bmatrix} \boldsymbol{I}-h^2\boldsymbol{A} & h\boldsymbol{I} \\ -h\boldsymbol{A} & \boldsymbol{I} \end{bmatrix} \tag{8.16}$$

证明：

$$\begin{bmatrix} \boldsymbol{I} & -h\boldsymbol{I} \\ 0 & \boldsymbol{I} \end{bmatrix} \begin{bmatrix} x_{k+1} \\ v_{k+1} \end{bmatrix} = \begin{bmatrix} \boldsymbol{I} & 0 \\ -h\boldsymbol{A} & \boldsymbol{I} \end{bmatrix} \begin{bmatrix} x_k \\ v_k \end{bmatrix} \Leftrightarrow \begin{bmatrix} x_{k+1} \\ v_{k+1} \end{bmatrix} = \begin{bmatrix} \boldsymbol{I}-h^2\boldsymbol{A} & h\boldsymbol{I} \\ -h\boldsymbol{A} & \boldsymbol{I} \end{bmatrix} \begin{bmatrix} x_k \\ v_k \end{bmatrix}$$

■

引理 8.2　对于式(8.16)中的每个 $2n\times 2n$ 维矩阵 $\boldsymbol{M}$，存在一个正交变换 $\boldsymbol{U}_{2n}\times 2_n$，使得矩阵 $\boldsymbol{M}$ 与如下矩阵相似：

$$\boldsymbol{U}^{\mathrm{T}}\boldsymbol{M}\boldsymbol{U} = \begin{bmatrix} \boldsymbol{T}_1 & & & \\ & \boldsymbol{T}_2 & & \\ & & \ddots & \\ & & & \boldsymbol{T}_n \end{bmatrix} \tag{8.17}$$

其中 $\boldsymbol{T}_i(i=1,\cdots,n)$是 2×2 维矩阵，其形式为：

$$\boldsymbol{T}^i=\begin{bmatrix}1-\omega_i^2h^2 & h\\ -\omega_i^2h & 1\end{bmatrix} \tag{8.18}$$

其中 ω_i^2 是矩阵 $\boldsymbol{A}$ 的特征值。

证明 令 $\boldsymbol{A}$ 为对角矩阵，特征值如下：

$$\boldsymbol{\Lambda}=\begin{bmatrix}\omega_1^2 & & & \\ & \omega_2^2 & & \\ & & \ddots & \\ & & & \omega_n^2\end{bmatrix}$$

由于 $\boldsymbol{A}$ 是正定且对称的，因此存在正交矩阵 $\boldsymbol{U}_1$ 使得：

$$\boldsymbol{U}_1^{\mathrm{T}}\boldsymbol{A}\boldsymbol{U}_1=\boldsymbol{\Lambda}$$

令 $\boldsymbol{\Pi}$ 为满足如下条件的置换矩阵：

$$\boldsymbol{\Pi}_{i,j}=\begin{cases}1, & j\text{ 为奇数}, i=\dfrac{j+1}{2}\\ 1, & j\text{ 为偶数}, i=n+\dfrac{j}{2}\\ 0, & \text{其他}\end{cases}$$

其中，i 是行标，j 是列标。然后，令 $\boldsymbol{U}=\mathbf{diag}(U_1, U_1)\boldsymbol{\Pi}$，则有：

$$\boldsymbol{U}^{\mathrm{T}}\boldsymbol{M}\boldsymbol{U}=\boldsymbol{\Pi}^{\mathrm{T}}\begin{bmatrix}\boldsymbol{U}_1^{\mathrm{T}} & \\ & \boldsymbol{U}_1^{\mathrm{T}}\end{bmatrix}\begin{bmatrix}\boldsymbol{I}-h^2\boldsymbol{A} & h\boldsymbol{I}\\ -h\boldsymbol{A} & \boldsymbol{I}\end{bmatrix}\begin{bmatrix}\boldsymbol{U}_1 & \\ & \boldsymbol{U}_1\end{bmatrix}\boldsymbol{\Pi}$$

$$
= \boldsymbol{\Pi}^{\mathrm{T}} \begin{bmatrix} I - h^2 \boldsymbol{\Lambda} & hI \\ -h\boldsymbol{\Lambda} & I \end{bmatrix} \boldsymbol{\Pi}
$$

$$
= \begin{bmatrix} \boldsymbol{T}_1 & & & \\ & \boldsymbol{T}_2 & & \\ & & \ddots & \\ & & & \boldsymbol{T}_n \end{bmatrix}
$$

由引理8.2，式(8.15)可以写成等效形式

$$
\begin{bmatrix} (\boldsymbol{U}_1^{\mathrm{T}} x)_{k+1,i} \\ (\boldsymbol{U}_1^{\mathrm{T}} v)_{k+1,i} \end{bmatrix} = \boldsymbol{T}_i \begin{bmatrix} (\boldsymbol{U}_1^{\mathrm{T}} x)_{k,i} \\ (\boldsymbol{U}_1^{\mathrm{T}} v)_{k,i} \end{bmatrix} = \begin{bmatrix} 1 - \omega_i^2 h^2 & h \\ -\omega_i^2 h & 1 \end{bmatrix} \begin{bmatrix} (\boldsymbol{U}_1^{\mathrm{T}} x)_{k,i} \\ (\boldsymbol{U}_1^{\mathrm{T}} v)_{k,i} \end{bmatrix} \tag{8.19}
$$

其中$i=1, \cdots, n$。 ■

引理8.3 对于满足$0<h\omega_i<2$，的任意步长h，矩阵T_i的特征值是复数，绝对值为1。

证明 对于$i=1, \cdots, N$，有

$$
|\lambda \boldsymbol{I} - \boldsymbol{T}_i| = 0 \Leftrightarrow \lambda_{1,2} = 1 - \frac{h^2\omega_i^2}{2} \pm h\omega_i \sqrt{1 - \frac{h^2\omega_i^2}{4}}
$$

令θ_i和$\phi_i(i=1, \cdots, n)$作为新的坐标变量，如下所示：

$$
\begin{cases} \cos\theta_i = 1 - \dfrac{h^2\omega_i^2}{2} \\ \sin\theta_i = h\omega_i \sqrt{1 - \dfrac{h^2\omega_i^2}{4}} \end{cases}, \quad \begin{cases} \cos\phi_i - \dfrac{h\omega_i}{2} \\ \sin\phi_i = \sqrt{1 - \dfrac{h^2\omega_i^2}{4}} \end{cases} \tag{8.20}
$$

为了让 θ_i 和 ϕ_i 位于区间$\left(0, \frac{\pi}{2}\right)$，需要缩小至 $0<h\omega_i<\sqrt{2}$。■

引理 8.4 考虑式(8.20)的新坐标($0<h\omega_i<\sqrt{2}$)，存在如下等式：

$$2\phi_i + \theta_i = \pi \tag{8.21}$$

$$\begin{cases} \sin\theta_i = \sin(2\phi_i) = h\omega_i \sin\phi_i \\ \sin(3\phi_i) = -(1-h^2\omega_i^2)\sin\phi_i \end{cases} \tag{8.22}$$

证明 通过三角函数的积化和差公式，有

$$\begin{aligned} \sin(\theta_i + \phi_i) &= \sin\theta_i \cos\phi_i + \cos\theta_i \sin\phi_i \\ &= h\omega_i \sqrt{1-\frac{h^2\omega_i^2}{4}} \cdot \frac{h\omega_i}{2} + \left(1-\frac{h^2\omega_i^2}{2}\right)\sqrt{1-\frac{h^2\omega_i^2}{4}} \\ &= \sqrt{1-\frac{h^2\omega_i^2}{4}} \\ &= \sin\phi_i \end{aligned}$$

因为 $0<h\omega_i<\sqrt{2}$，故 θ_i，$\phi_i \in \left(0, \frac{\pi}{2}\right)$，因此可得到：

$$\theta_i + \phi_i = \pi - \phi_i \Leftrightarrow \theta_i = \pi - 2\phi_i$$

由式(8.20)中的坐标转换可知：

$$\sin\theta_i = h\omega_i \sin\phi_i \Leftrightarrow \sin(2\phi_i) = h\omega_i \sin\phi_i$$

接下来，使用三角函数的积化和差公式，可得：

$$\begin{aligned} \sin(\theta_i - \phi_i) &= \sin\theta_i \cos\phi_i - \cos\theta_i \sin\phi_i \\ &= h\omega_i \sqrt{1-\frac{h^2\omega_i^2}{4}} \cdot \frac{h\omega_i}{2} - \left(1-\frac{h^2\omega_i^2}{2}\right)\sqrt{1-\frac{h^2\omega_i^2}{4}} \end{aligned}$$

$$= (h^2\omega_i^2 - 1)\sqrt{1 - \frac{h^2\omega_i^2}{4}}$$

$$= -(1 - h^2\omega_i^2)\sin\phi_i$$

将 $\theta_i = \pi - 2\phi_i$ 代入上式，可得：

$$\sin(3\phi_i) = -(1 - h^2\omega_i^2)\sin\phi_i$$

■

引理 8.5　使用式(8.20)中的新坐标，式(8.18)中的矩阵 $T_i(i=1, \cdots, n)$可以表示为：

$$\boldsymbol{T}_i = \frac{1}{\omega_i(\mathrm{e}^{-i\phi_i} - \mathrm{e}^{i\phi_i})}\begin{bmatrix} 1 & 1 \\ \omega_i \mathrm{e}^{i\phi_i} & \omega_i \mathrm{e}^{-i\phi_i} \end{bmatrix}\begin{bmatrix} \mathrm{e}^{i\theta_i} & 0 \\ 0 & e^{-i\omega_i} \end{bmatrix}\begin{bmatrix} \omega_i \mathrm{e}^{-i\phi_i} & -1 \\ -\omega_i \mathrm{e}^{i\phi_i} & 1 \end{bmatrix} \tag{8.23}$$

证明　对于式(8.20)中的坐标变换，有：

$$\boldsymbol{T}_i\begin{bmatrix} 1 \\ \omega_i\ \mathrm{e}^{i\phi_i} \end{bmatrix} = \begin{bmatrix} 1 \\ \omega_i\ \mathrm{e}^{i\phi_i} \end{bmatrix}\mathrm{e}^{i\theta_i}, \quad \boldsymbol{T}_i\begin{bmatrix} 1 \\ \omega_i\ \mathrm{e}^{-i\phi_i} \end{bmatrix} = \begin{bmatrix} 1 \\ \omega_i\ \mathrm{e}^{-i\phi_i} \end{bmatrix}\mathrm{e}^{-i\theta_i}$$

因此，式(8.23)得证。　■

8.3.2　渐近分析

定理 8.1　给定初始值 x_0 和 v_0，在前 k 步不重新设置速度，k 步之后，拥有等效形式(8.19)的迭代解(8.14)具有以下形式：

$$\begin{bmatrix} (\boldsymbol{U}_1^{\mathrm{T}} x)_{k,i} \\ (\boldsymbol{U}_1^{\mathrm{T}} v)_{k,i} \end{bmatrix} = \boldsymbol{T}_i^k \begin{bmatrix} (\boldsymbol{U}_1^{\mathrm{T}} x)_{0,i} \\ (\boldsymbol{U}_1^{\mathrm{T}} v)_{0,i} \end{bmatrix}$$

$$
= \begin{bmatrix} -\dfrac{\sin(k\theta_i - \phi_i)}{\sin\phi_i} & \dfrac{\sin(k\theta_i)}{\omega_i \sin\phi_i} \\ -\dfrac{\omega_i \sin(k\theta_i)}{\sin\phi_i} & \dfrac{\sin(k\theta_i + \phi_i)}{\sin\phi_i} \end{bmatrix} \begin{bmatrix} (\boldsymbol{U}_1^{\mathrm{T}} x)_{0,i} \\ (\boldsymbol{U}_1^{\mathrm{T}} v)_{0,i} \end{bmatrix} \tag{8.24}
$$

证明 使用引理 8.5 和坐标变换(8.20)，则有

$$
\begin{aligned}
\boldsymbol{T}_i^k &= \frac{1}{\omega_i(\mathrm{e}^{-i\phi_i} - \mathrm{e}^{i\phi_i})} \begin{bmatrix} 1 & 1 \\ \omega_i \mathrm{e}^{i\phi_i} & \omega_i \mathrm{e}^{-i\phi_i} \end{bmatrix} \begin{bmatrix} \mathrm{e}^{i\theta_i} & 0 \\ 0 & \mathrm{e}^{-i\theta_i} \end{bmatrix}^k \begin{bmatrix} \omega_i \mathrm{e}^{-i\phi_i} & -1 \\ -\omega_i \mathrm{e}^{i\phi_i} & 1 \end{bmatrix} \\
&= \frac{1}{\omega_i(\mathrm{e}^{-i\phi_i} - \mathrm{e}^{i\phi_i})} \begin{bmatrix} 1 & 1 \\ \omega_i \mathrm{e}^{i\phi_i} & \omega_i \mathrm{e}^{-i\phi_i} \end{bmatrix} \begin{bmatrix} \omega \mathrm{e}^{i(k\theta_i - \phi_i)} & -\mathrm{e}^{ik\theta_i} \\ -\omega \mathrm{e}^{-i(k\theta_i - \phi_i)} & \mathrm{e}^{-ik\theta_i} \end{bmatrix} \\
&= \begin{bmatrix} \dfrac{-\sin(k\theta_i - \phi_i)}{\sin\phi_i} & \dfrac{\sin(k\theta_i)}{\omega_i \sin\phi_i} \\ \dfrac{-\omega_i \sin(k\theta_i)}{\sin\phi_i} & \dfrac{\sin(k\theta_i + \phi_i)}{\sin\phi_i} \end{bmatrix}
\end{aligned}
$$

证明完成。 ■

比较式(8.24)和式(8.19)，可得出：

$$
\frac{-\sin(k\theta_i - \phi_i)}{\sin\phi_i} = 1 - h^2\omega_i^2
$$

给定初始值$(x_0, 0)^{\mathrm{T}}$，则式(8.19)的初始值是$(U_1^{\mathrm{T}} x_0, 0)$。为了确保数值解或迭代解与解析解具有相同的特性，需要设置 $0 < h\omega_i < 1$。

备注 8.7 这里的特性与[LSJR16]中的想法类似。步长 $0 < hL < 2$ 确保了梯度法的全局收敛性。步长 $0 < hL < 1$ 使得梯度法的轨迹唯一，其思想等同于 ODE 解的存在性和唯一性。实际上，步长 $0 < hL < 1$ 拥有 ODE 解的性质。在[Per13]中证明了梯度系统解的全局存在性。

对于 Hessian 矩阵$\nabla^2 f(x^*)$的较好特征值，实验展示了梯度法、动量方法、Nesterov 梯度加速法、人工耗能法的良好收敛速度。但是对于我们的人工耗能方法，由于式(8.24)中存在三角函数，我们无法为收敛速度提供严格的数学证明。如果有人能提出理论证明，会非常棒。在这里，我们提出一种用于病态情况下的理论近似值，即小特征值$\lambda(\nabla^2 f(x^*))\ll L$的方向。

假设 8.1 如果式(8.14)的步长为$h=\frac{1}{\sqrt{L}}$，对于病态特征值$\omega_i\ll\sqrt{L}$，坐标变量能够被如下的解析解近似：

$$\theta_i = h_{\omega i},\ \phi_i = \frac{\pi}{2} \tag{8.25}$$

由于假设 8.1，迭代解(8.24)能够重写成：

$$\begin{bmatrix}(\boldsymbol{U}_1^{\mathrm{T}}x)_{k,i}\\(\boldsymbol{U}_1^{\mathrm{T}}v)_{k,i}\end{bmatrix}=\begin{bmatrix}\cos(kh\omega_i) & \dfrac{\sin(kh\omega_i)}{\omega_i}\\-\omega_i\sin(kh\omega_i) & -\cos(kh\omega_i)\end{bmatrix}\begin{bmatrix}(\boldsymbol{U}_1^{\mathrm{T}}x)_{0,i}\\(\boldsymbol{U}_1^{\mathrm{T}}v)_{0,i}\end{bmatrix} \tag{8.26}$$

定理 8.2 对于每个病态特征值方向，以及每一个初始条件$(x_0,0)^{\mathrm{T}}$，如果算法 1 在$\|v_{iter}\|\leqslant\|v\|$时执行，则存在一个特征值$\omega_i^2$使得：

$$k\omega_i h\geqslant\frac{\pi}{2}$$

证明 当$\|v_{iter}\|\leqslant\|v\|$时，则有$\|\boldsymbol{U}_1^{\mathrm{T}}v_{iter}\|\leqslant\|\boldsymbol{U}_1^{\mathrm{T}}v\|$。而对于$\|\boldsymbol{U}_1^{\mathrm{T}}v\|$，我们可以写出其解析形式：

$$\|\boldsymbol{U}_1^{\mathrm{T}}v\|=\sqrt{\sum_{i=1}^{n}\omega_i^2(\boldsymbol{U}_1x_0)_i^2\sin^2(kh\omega_i)}$$

如果不存在 $k\omega_i h<\frac{\pi}{2}$，则 $\|U_1^{\mathrm{T}}v\|$ 随着 k 的增加而增加。 ■

对于某个 i 使得 $k\omega_i h$ 逼近 $\frac{\pi}{2}$，则有

$$\frac{|(U_1^{\mathrm{T}}x)_{k+1,i}|}{|(U_1^{\mathrm{T}}x)_{k,i}|}=\frac{\cos((k+1)h\omega_i)}{\cos(kh\omega_i)}=\mathrm{e}^{\ln\cos((k+1)h\omega_i)-\ln\cos(kh\omega_i)}$$
$$=\mathrm{e}^{-\tan(\xi)h\omega_i} \tag{8.27}$$

其中 $\xi\in(kh\omega_i,(k+1)h\omega_i)$。因此随着 ξ 逼近 $\frac{\pi}{2}$，$|(U_1^{\mathrm{T}}x)_{k,i}|$[⊖]线性收敛于 0，但是系数将会随着速率 $\mathrm{e}^{-\tan(\xi)h\omega_i}$ $(\xi\rightarrow\frac{\pi}{2})$ 衰减。对 $\tan\xi$ 在 $\frac{\pi}{2}$ 处进行洛朗展开：

$$\tan\xi=-\frac{1}{\xi-\frac{\pi}{2}}+\frac{1}{3}\left(\xi-\frac{\pi}{2}\right)+\frac{1}{45}\left(\xi-\frac{\pi}{2}\right)^3+\mathcal{O}\left(\left(\xi-\frac{\pi}{2}\right)^5\right)$$

则系数的近似表达式为

$$\mathrm{e}^{-\tan(\xi)h\omega_i}\approx\mathrm{e}^{\frac{h\omega_i}{\xi-\frac{\pi}{2}}}\leqslant\left(\frac{\pi}{2}-\xi\right)^n$$

其中，n 为足够大的正实数，以确保 $\xi\rightarrow\frac{\pi}{2}$。

8.4 实验演示

在本节中，我们将人工耗能算法(算法 1)、能量守恒算法(算法 2)

⊖ 此处应为(此处译者认为是 $\frac{|(U_1^{\mathrm{T}}x)_{k+1,i}|}{|(U_1^{\mathrm{T}}x)_{k,i}|}$，请与原著作者确认)。——译者注

和组合算法(算法 3)应用到高维数据中，并与梯度法、动量法和 Nesterov 梯度加速法进行比较(图 8-7)。

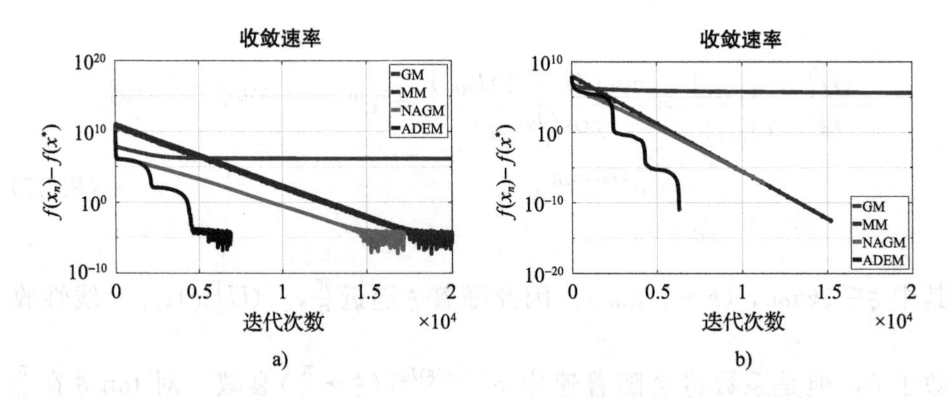

图 8-7　左图：形式(a)，初始值 $x_0=0$。右图：形式(b)，初始值 $x_0=1000$

8.4.1　强凸函数

在这里，我们研究用于强凸函数的人工耗能算法(算法 1)，与梯度方法、动量方法和 Nesterov 梯度加速法(强凸情况)进行比较，选取二次函数如下：

$$f(x)=\frac{1}{2}x^{\mathrm{T}}\boldsymbol{A}x+b^{\mathrm{T}}x \tag{8.28}$$

其中 $\boldsymbol{A}$ 是对称正定矩阵，并有如下两种形式：

(a)生成矩阵 $\boldsymbol{A}$ 是 500×500 的随机正定矩阵，特征值从 1e−6 到 1 分布，且有一个指定的特征值 1e−6。生成向量 b 服从高斯独立同分布，均值为 0，方差为 1。

(b)生成矩阵 $\boldsymbol{A}$ 是 Nesterov 的书中[Nes13] 典型的例子。

$$
\boldsymbol{A}=\begin{bmatrix} 2 & -1 & & & & \\ -1 & 2 & -1 & & & \\ & -1 & 2 & \ddots & & \\ & & \ddots & \ddots & \ddots & \\ & & & \ddots & \ddots & -1 \\ & & & & -1 & 2 \end{bmatrix}
$$

矩阵特征值如下：

$$
\lambda_k = 2-2\cos\left(\frac{k\pi}{n+1}\right)=4\sin^2\left(\frac{k\pi}{2(n+1)}\right)
$$

n 是矩阵 $\boldsymbol{A}$ 的维数，特征向量可以通过第二类切比雪夫多项式求解。如果我们使得

$\dim(\boldsymbol{A})=1000$ 并且 b 为零向量，那么最小特征值近似为

$$
\lambda_1 = 4\sin^2\left(\frac{\pi}{2(n+1)}\right)\approx\frac{\pi^2}{1001^2}\approx 10^{-5}
$$

8.4.2 非强凸函数

在这里，我们将人工耗能算法(算法 1)应用于非强凸函数，并与梯度法、Nesterov 梯度加速法(非强凸情形)进行比较，所选函数是如下 log-sum-exp 函数：

$$
f(x)=\rho\log\left[\sum_{i=1}^{n}\exp\left(\frac{\langle a_i,\ x\rangle-b_i}{\rho}\right)\right] \tag{8.29}
$$

其中 $\boldsymbol{A}$ 是 $m\times n$ 矩阵，a_i 与$(i=1,\ \cdots,\ m)$是 $\boldsymbol{A}$ 的行向量；b 是$n\times 1$ 向量，元素为 b_i；ρ 是参数。对式(8.29)进行实验，其中矩阵 $\boldsymbol{A}=$

$(a_{ij})_{m\times n}$和向量$b=(b_i)_n\times 1$通过高斯独立同分布进行设置，参数ρ分别为5和10(图8-8)。

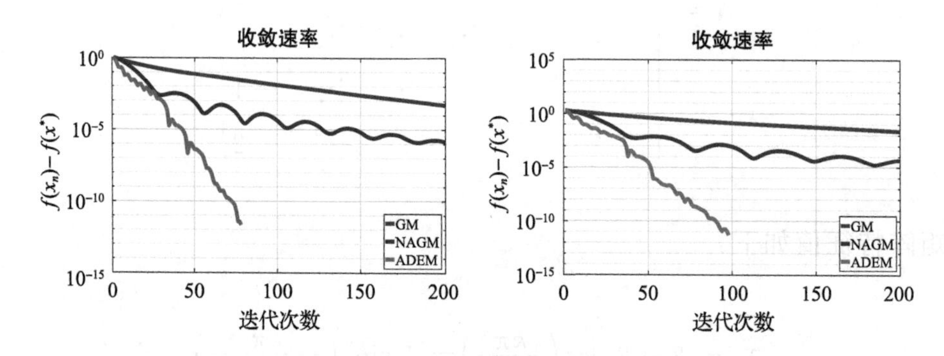

图8-8　初始值$x_0=0$，收敛速率如图所示。左图：$\rho=5$，右图：$\rho=10$

8.4.3　非凸函数

对于非凸函数，我们利用经典的测试函数从总体性能和精度上评估优化算法的特性。本节将所提算法应用于Styblinski-Tang函数和Shekel函数，它们是记录在仿真实验[⊖]虚拟库中的函数。首先，通过研究如下Styblinski-Tang函数

$$f(x)=\frac{1}{2}\sum_{i=1}^{d}(x_i^4-16x_i^2+5x_i) \tag{8.30}$$

来演示算法2的整体性能，以追踪局部最小值，然后通过算法3找到局部最小值(图8-9)。

对于基本的高维一元非凸Styblinski-Tang函数，应用算法3在(−2.9035，−2.9035，…)处取得全局最小值−391.6617，如表8.1所示。而真正的全局最小值是−391.6599，最小值点为

⊖ https://www.sfu.ca/~ssurjano/index.html。

(−2.903 534，−2.903 534，…)。

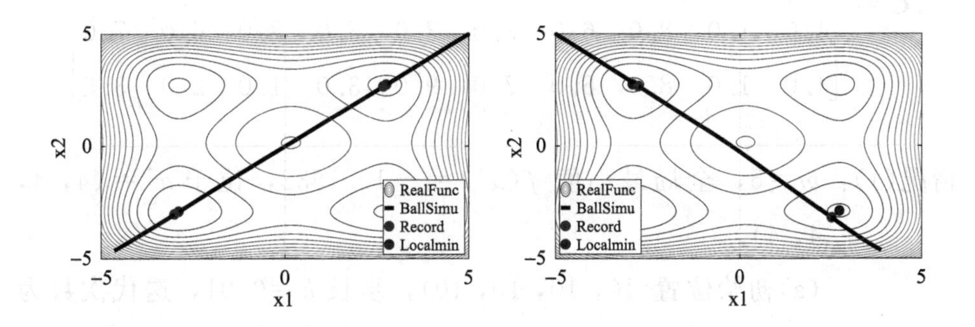

图 8-9　用步长 $h=0.01$ 的算法 3 检测二维 Styblinski-Tang 函数的局部最小值，Record 由算法 2 记录，Localmin 是算法 1 的局部最小值。左图：初始位置(5，5)；右图：初始位置(−5，5)

表 8.1　十维 Styblinski-Tang 函数(两个初始值)示例

	Local _ min1	Local _ min2	Local _ min3	Local _ min4
初始点	(5，5，…)	(5，5，…)	(5，−5，…)	(5，−5，…)
最小值点	(2.7486，2.7486，…)	(−2.9035，−2.9035，…)	(2.7486，−2.9035，…)	(−2.9035，2.7486，…)
函数值	−250.2945	−391.6617	−320.9781	−320.9781

此外，我们演示了从 Styblinski-Tang 函数到如下更复杂的 Shekel 函数的数值实验。

$$f(x)=-\sum_{i=1}^{m}\left[\sum_{j=1}^{4}(x_j-C_{ji})^2+\beta_i\right]^{-1} \tag{8.31}$$

其中，

$$\beta=\frac{1}{10}(1,2,2,4,4,6,3,7,5,5)^{\mathrm{T}}$$

$$C=\begin{bmatrix}4.0 & 1.0 & 8.0 & 6.0 & 3.0 & 2.0 & 5.0 & 8.0 & 6.0 & 7.0\\ 4.0 & 1.0 & 8.0 & 6.0 & 7.0 & 9.0 & 3.0 & 1.0 & 2.0 & 3.6\\ 4.0 & 1.0 & 8.0 & 6.0 & 3.0 & 2.0 & 5.0 & 8.0 & 6.0 & 7.0\\ 4.0 & 1.0 & 8.0 & 6.0 & 7.0 & 9.0 & 3.0 & 1.0 & 2.0 & 3.6\end{bmatrix}$$

情况(1)：$m=5$，全局最小值 $f(x^\star)=-10.1532$，位于 $x^\star=(4, 4, 4, 4)$。

(a)初始位置(10，10，10，10)，步长 $h=0.01$，迭代次数为3000，实验结果如下：

算法2检测的位置为

$$\begin{bmatrix}7.9879 & 6.0136 & 3.8525 & 6.2914 & 2.7818\\ 7.9958 & 5.9553 & 3.9196 & 6.2432 & 6.7434\\ 7.9879 & 6.0136 & 3.8525 & 6.2914 & 2.7818\\ 7.9958 & 5.9553 & 3.9196 & 6.2432 & 6.7434\end{bmatrix}$$

对应函数值为(−5.0932　−2.6551　−6.5387　−1.6356　−1.7262)。

算法1检测的最终位置为

$$\begin{bmatrix}7.9996 & 5.9987 & 4.0000 & 5.9987 & 3.0018\\ 7.9996 & 6.0003 & 4.0001 & 6.0003 & 6.9983\\ 7.9996 & 5.9987 & 4.0000 & 5.9987 & 3.0018\\ 7.9996 & 6.0003 & 4.0001 & 6.0003 & 6.9983\end{bmatrix}$$

最终函数值为(−5.1008　−2.6829　−10.1532　−2.6829　−2.6305)。

(b)初始位置(3，3，3，3)，步长 $h=0.01$，迭代次数为1000，实验结果如下：

算法2检测的位置为

$$\begin{bmatrix} 3.9957 & 6.0140 \\ 4.0052 & 6.0068 \\ 3.9957 & 6.0140 \\ 4.0052 & 6.0068 \end{bmatrix}$$

对应函数值为(−10.1443 −2.6794)。

算法1检测的最终位置为

$$\begin{bmatrix} 4.0000 & 5.9987 \\ 4.0001 & 6.0003 \\ 4.0000 & 5.9987 \\ 4.0001 & 6.0003 \end{bmatrix}$$

最终函数值为(−10.1532 −2.6829)。

情况(2)：$m=7$，全局最小值为 $f(x^*)=-10.4029$，位于 $x^*=(4,4,4,4)$。

(a)初始位置(10，10，10，10)，步长 $h=0.01$，迭代次数为3000，实验结果如下：

算法2检测的位置为

$$\begin{bmatrix} 7.9879 & 6.0372 & 3.1798 & 5.0430 & 6.2216 & 2.6956 \\ 8.0041 & 5.9065 & 3.8330 & 2.8743 & 6.2453 & 6.6837 \\ 7.9879 & 6.0372 & 3.1798 & 5.0430 & 6.2216 & 2.6956 \\ 8.0041 & 5.9065 & 3.8330 & 2.8743 & 6.2453 & 6.6837 \end{bmatrix}$$

对应函数值为(−5.1211 −2.6312 −0.9428 −3.3093 −1.8597 −1.5108)。

算法1检测的最终位置为

$$\begin{bmatrix} 7.9995 & 5.9981 & 4.0006 & 4.9945 & 5.9981 & 3.0006 \\ 7.9996 & 5.9993 & 3.9996 & 3.0064 & 5.9993 & 7.0008 \\ 7.9995 & 5.9981 & 4.0006 & 4.9945 & 5.9981 & 3.0006 \\ 7.9996 & 5.9993 & 3.9996 & 3.0064 & 5.9993 & 7.0008 \end{bmatrix}$$

最终函数值为(－5.1288 －2.7519 －10.4029 －3.7031 －2.7519 －2.7496)。

(b)初始位置(3，3 ，3，3)，步长 h＝0.01，迭代次数为1000，实验结果如下：

算法 2 检测的位置为

$$\begin{bmatrix} 4.0593 & 3.0228 \\ 3.9976 & 7.1782 \\ 4.0593 & 3.0228 \\ 3.9976 & 7.1782 \end{bmatrix}$$

对应函数值为(－9.7595 －2.4073)。

算法 1 检测的最终位置为

$$\begin{bmatrix} 4.0006 & 3.0006 \\ 3.9996 & 7.0008 \\ 4.0006 & 3.0006 \\ 3.9996 & 7.0008 \end{bmatrix}$$

最终函数值为(－10.4029 －2.7496)。

情形(3)：m=10，全局最小值 $f(x^*)$＝－10.5364，位于 x^*＝(4，4，4，4)。

(a)初始位置(10，10，10，10)，步长 h＝0.01，迭代次数为 3000，实验结果如下：

算法 2 检测的位置为

$$\begin{bmatrix} 7.9977 & 5.9827 & 4.0225 & 2.7268 & 6.1849 & 6.2831 & 6.3929 \\ 7.9942 & 6.0007 & 3.8676 & 7.3588 & 6.0601 & 3.2421 & 1.9394 \\ 7.9977 & 5.9827 & 4.0225 & 2.7268 & 6.1849 & 6.2831 & 6.3929 \\ 7.9942 & 6.0007 & 3.8676 & 7.3588 & 6.0601 & 3.2421 & 1.9394 \end{bmatrix}$$

对应的函数值为(−5.1741 −2.8676 −7.9230 −1.5442 −2.4650 −1.3703 −1.7895)。

算法 1 检测的最终位置为

$$\begin{bmatrix} 7.9995 & 5.9990 & 4.0007 & 3.0009 & 5.9990 & 6.8999 & 5.9919 \\ 7.9994 & 5.9965 & 3.9995 & 7.0004 & 5.9965 & 3.4916 & 2.0224 \\ 7.9995 & 5.9990 & 4.0007 & 3.0009 & 5.9990 & 6.8999 & 5.9919 \\ 7.9994 & 5.9965 & 3.9995 & 7.0004 & 5.9965 & 3.4916 & 2.0224 \end{bmatrix}$$

最终函数值为(−5.1756 −2.8712 −10.5364 −2.7903 −2.8712 −2.3697 −2.6085)。

(b)初始位置(3，3，3，3)，步长 $h=0.01$，迭代次数为 1000，实验结果如下：

算法 2 检测的位置为

$$\begin{bmatrix} 4.0812 & 3.0206 \\ 3.9794 & 7.0173 \\ 4.0812 & 3.0206 \\ 3.9794 & 7.0173 \end{bmatrix}$$

对应的函数值为(−9.3348 −2.7819)。

算法 1 检测的最终位置为

$$\begin{bmatrix} 4.0007 & 3.0009 \\ 3.9995 & 7.0004 \\ 4.0007 & 3.0009 \\ 3.9995 & 7.0004 \end{bmatrix}$$

最终函数值为(−10.5364　−2.7903)。

8.5　小结与展望

基于[Nes13]中从解析复杂度中推导算术复杂度的思想，以及从微分方程中进行优化的观点，⊖我们提出了基于牛顿第二定律的原创算法，计算过程中首先考虑了动能可观测和可控。尽管我们的算法不能完全解决全局优化问题，或者说全局优化依赖于轨迹路径，但是这项工作引入了优化所必需的哈密顿系统，从而有可能获得全局最小值。我们的算法易于实现，并且收敛速度更快。

从理论上讲，哈密顿系统更自然，并且在 20 世纪出现了许多基础性工作，例如 KAM 理论、Nekhoroshev 估计、算子谱理论等等。但是这些著名的原创理论未必能用于理解并改进优化问题和机器学习算法；同样，在确定收敛速度时，包含三角函数的矩阵可能难以估计。研究人员提出了一些基于谱理论的三角矩阵估计方法。对于数值法，我们仅探索了简单的一阶辛欧拉方法。[Nes13] 则提出了几种更有效的方案，如 Störmer-Verlet 法、辛 Runge-Kutta 法、order condition 法等。

这些方法可以使本书中的算法更加有效和准确。对于优化问题，我们提出的方法仅涉及无约束问题。在自然界中，经典的牛顿第二定律或等效表达式——拉格朗日力学和哈密顿力学是在几乎真实物理世界中的流形上实现的。换句话说，我们提出的算法，可以从非约束问题泛化到约束问题，且算法在测地线求解中得到了应用[LY+84]。类似于梯度方法从平滑状态到非平滑状态的发展，我们的算法可以通过次梯度法推广到非平滑状态；在应用时，我们将进行非负矩阵分解、

⊖ http://www.offconvex.org/2015/12/11/mission-statement/。

矩阵补全和深度神经网络的算法，并加快目标函数的训练。同时，我们将本书提出的算法应用于统计中的最大似然估计和最大后验估计。

从牛顿第二定律开始，仅在经典力学或宏观世界领域中针对简化单粒子。一个自然的泛化是从宏观世界到微观世界。在流体动力学领域，牛顿第二定律由欧拉方程或更复杂的 Navier-Stokes 方程表示，流体动力学的一个重要课题是地球物理流体动力学，涉及大气科学和海洋学。海洋学与大气科学不同的一个关键特征是地形学，它主要影响流体的矢量场。基于数值模型，很多结论已得到证明，例如经典的 POM[㊀]、HYCOM[㊁]、ROMS[㊂]和 FVCOM[㊃]。反过来想，如果我们得知黑箱中的势函数是地形，则我们观察流体矢量场的变化以找到局部最小值，从而获得具有合适初始矢量场的全局最小值。一个更大胆的想法是将经典粒子推广到量子粒子，对于量子粒子，牛顿第二定律由哈密顿力学的能量形式表示，这是本章所提算法的起点。在微观世界中，粒子以波形形式出现，当波遇到势垒时，将出现隧道效应，隧道效应也会在更高的维度上出现。观察物理世界中的隧道效应非常容易，但是，如果我们尝试计算这种效应，问题就变成了 NP 难问题，只有量子计算才能非常容易地模拟这种效应，因为可以通过二分法搜索找到全局最小值。也就是说，如果高级别存在隧道效应，该算法将继续在高级别检测该效应，否则转到较低级别。在量子世界中，只需要 $\mathcal{O}(\log n)$次即可找到全局最小值，而不必成为 NP 难问题。

㊀ http://ofs.dmcr.go.th/thailand/model.html。
㊁ https://hycom.org/。
㊂ https://www.myroms.org/。
㊃ http://fvcom.smast.umassd.edu/。

第三部分

Mathematical Theories of Machine Learning-Theory and Applications

机器学习的数学框架：应用部分

含有噪声和缺失观测值的稀疏子空间聚类的样本复杂度的改进

本章提出了一种新的 CoCoSSC 算法。内容组织如下：9.1 节展示了 CoCoSSC 算法的主要结论；9.2 节对 CoCoSSC 算法进行了充分地证明；9.3 节以数值形式展示了 CoCoSSC 算法及相关算法的性能；最后进行了总结并展望。

9.1 CoCoSSC 算法的主要结果

通过高斯噪声模型和数据缺失模型来分析 CoCoSSC 算法的性能，并给出相关结论。与[WX16]相似之处在于，CoCoSSC 算法利用子空间检测特性(SDP)对计算得到的自相似矩阵$\{\boldsymbol{c}_i\}_{i=1}^N$进行评估：

定义 9.1(子空间检测特性)[WX16] 如果(1)对于任意 $i\in[N]$，c_i 都是一个非零向量，(2)对于任意 $i,j\in[N]$，$c_{ij}\neq 0$，即 $\boldsymbol{x}_i$ 和 $\boldsymbol{x}_j$ 属于相同的聚类类别，则称自相似矩阵$\{\boldsymbol{c}_i\}_{i=1}^N$满足**子空间检测特性**。

直观上看，当$\{\boldsymbol{c}_i\}_{i=1}^N$中的任意非零元素(即 $\boldsymbol{x}_i$ 和 $\boldsymbol{x}_j$)属于相同聚类类别时，由子空间检测特性可知自相似矩阵$\{\boldsymbol{c}_i\}_{i=1}^N$中没有假阳性样本。定义 9.1 进一步排除了平凡解 $\boldsymbol{c}_i\equiv 0$ 的情况。

通过连接每一个结点对(i,j)($c_{ij}\neq 0$)所构建的“相似图”中可能存在连接不良的情况，因此定义 9.1 中给出的子空间检测特性(SDP)不足以使得接下来的谱聚类算法或者其他聚类算法正确进行。正如

[NH11]中提到的，“图的连通性”是稀疏子空间聚类中的一个重要问题，除非在强假设[WWS16]之下，否则在很大程度上该问题仍然无法解决。然而在实际情况中，子空间检测特性(SDP)的标准与聚类性能具有很好的相关性[WX16,WWS15a]，因此应该着重关注子空间检测特性(SDP)有效时的情况。

9.1.1 非均匀的半随机模型

本章采用以下非均匀半随机模型。

定义 9.2(非均匀半随机模型) 假设 $\boldsymbol{y}_i$ 属于类别 $\mathcal{S}_\ell$，令 $\boldsymbol{y}_i=\boldsymbol{U}_\ell\alpha_i$，其中 $\boldsymbol{U}_\ell\in\mathbb{R}^{n\times d_\ell}$ 是 $\boldsymbol{U}_\ell$ 的标准正交基，α_i 是 d_ℓ 维的向量，$\|\alpha_i\|_2=1$。假设 α_i 独立同分布于一个未知的分布 P_ℓ，P_ℓ 的密度为 p_ℓ，存在常数 $\underline{C}$，$\overline{C}$ 满足：

$$0<\underline{C}\cdot p_0\leqslant p_\ell(\alpha)\leqslant\overline{C}\cdot p_0<8\quad\forall\,\alpha\in\mathbb{R}^{d_\ell},\ \|\alpha\|_2=1$$

其中 p_0 是在集合 $\{\boldsymbol{u}\in\mathbb{R}^{d_\ell}:\|\boldsymbol{u}\|_2=1\}$ 上一致度量下的密度。

备注 9.1 在稀疏子空间聚类之前的工作[SC12,SEC14,WX16]中提出的正则化假设要求，非均匀半随机模型对于任意 $i\in[N]$ 满足 $\|\boldsymbol{y}_i\|_2=1$。但是，只有在算法的理论分析过程中用到了该假设，并且在 CoCo-Lasso 算法中 $\{y_i\}_i^N=1$ 的范数是未知的。事实上，正如备注 9.3 中提到的，如果 $\|\boldsymbol{y}_i\|_2$ 的准确范数是已知的，那么对于数据分析师而言，就可以进一步改进样本复杂度。

在非均匀半随机模型中选用固定的子空间 $\{S_\ell\}$，但假设每个低维子空间中的数据点都是由一个未知分布 P_ℓ 独立生成，其密度是有界的，从而有助于简化“子空间之间的不一致性”(定义 9.6)的证明过程，并得到可解释的结论。

与现有的半随机模型[SC12，WX16，HB15，PCS14]相比，主要区别在于本章模型的数据点在每个低维子空间上的分布不是均匀的。因此，可以假设所有数据点均为独立同分布并且数据点的密度是有界的。传统半随机模型中利用条件 $\mathbb{E}[\boldsymbol{y}_i]=\mathbf{0}$ 的算法，由于条件 $\mathbb{E}[\boldsymbol{y}_i]=\mathbf{0}$ 太强而难以在实践中运用，而非均匀半随机模型不需要这个条件。

因为底层的子空间是固定的，并且相邻的子空间之间区分难度较大，所以需要对这些子空间之间的“亲和力”进行度量。亲和力度量方式采用与过去的稀疏子空间聚类算法[WX16，WWS15a，CJW17]相同的方式。

定义 9.3(子空间亲和力) 设 $\mathcal{U}_j$ 和 $\mathcal{U}_k$ 是 $\mathbb{R}^n$ 中维度分别为 d_j 和 d_k 的两个线性子空间，$\mathcal{U}_j$ 与 $\mathcal{U}_k$ 的**亲和力**定义为

$$\mathcal{X}_{j,k}^2 := \cos^2\theta_{jk}^{(1)} + \cdots + \cos^2\theta_{jk}^{(\min(d_j,d_k))}$$

其中 θ_{jk}^{ℓ} 是 $\mathcal{U}_j$ 和 $\mathcal{U}_k$ 之间的第 ℓ 个规范化角度。

备注 9.2 $\mathcal{X}_{jk}=\|\boldsymbol{U}_j^{\mathrm{T}}\boldsymbol{U}_k\|_F$，其中 $\boldsymbol{U}_j\in\mathbb{R}^{n\times d_j}$，$\boldsymbol{U}_k\in\mathbb{R}^{n\times d_k}$ 分别是 $\mathcal{U}_j$ 和 $\mathcal{U}_k$ 的标准正交基。

本章记 $\mathcal{X}:=\max\limits_{j\neq k}\mathcal{X}_{j,k}$。

对于数据缺失模型，通过增加“内子空间”非相关性来确保输入的观测数据含有足够的信息，这种非相关性假设广泛应用于矩阵补全算法领域[CR09，KMO10，Rec11]。

定义 9.4(内子空间的非相关性) 对于 $\ell\in[L]$，设 $\boldsymbol{U}_\ell\in\mathbb{R}^{n\times d_\ell}$ 是

子空间 U_ℓ 的标准正交基，U_ℓ 内**子空间非相关性**的数值为满足如下不等式最小的 μ_ℓ：

$$\max_{1\leqslant i\leqslant n}\|e_i^{\mathrm{T}}U_\ell\|_2^2\leqslant \mu_\ell d_\ell/n$$

结合上述定义，给出如下两个定理，该定理给出了通过 CoCoLasso 算法得到子相似矩阵 $\{c_i\}_{i=1}^n$ 的充分条件。

定理 9.1(高斯噪声模型)　假设(1)对于任意 $j,k\in[N]$，均有 $\lambda\asymp 1/\sqrt{d}$ 和 $\Delta_{jk}\asymp\sigma^2\sqrt{\frac{\log N}{n}}$，(2)$N_\ell\geqslant 2\,\overline{C}d_\ell/\underline{C}$，则存在常数 $K_0>0$，当

$$\sigma<K_0(n/d^3\log^2(\overline{C}N/\underline{C}))^{1/4}$$

时，CoCoSSC 算法的最优解 $\{c_i\}_{i=1}^N$ 满足子空间检测特性的概率为 $1-O(N^{-10})$。

定理 9.2(数据缺失模型)　假设(1)当 $j\neq k$ 时，满足 $\lambda\asymp 1/\sqrt{d}$ 和 $\Delta_{jk}\asymp\frac{\mu d\log N}{\rho\sqrt{n}}$ 且当 $j=k$ 时，满足 $\Delta_{jk}\asymp\frac{\mu d\log N}{\rho^{3/2}\sqrt{n}}$，(2)$N_\ell\geqslant 2\,\overline{C}d_\ell/\underline{C}$，则存在常数 $K_1>0$ 当

$$\rho>K_1\max\{(\mu\chi d^{5/2}\log^2 N)^{2/3}\cdot n^{-1/3},(\mu^2 d^{7/2}\log^2 N)^{2/5}\cdot n^{-2/5}\}$$

时，CoCoSSC 算法的最优解 $\{c_i\}_{i=1}^N$ 满足子空间检测特性的概率为 $1-O(N^{-10})$。

备注 9.3　如果数据点 $\|y_i\|_2$ 是已知的，那么可以将其应用于算法设计，公式 4-1 中矩阵 A 的对角线元素可以直接设置为 $A_{ii}=\|y_i\|_2^2$，从而在证明过程中可忽略参数 ψ_2(定义 9.5)的约束。在算法运行成功的条件下将样本复杂度改进到 $\rho>\Omega(n^{-1/2})$，与缺失输入项的线性回

归问题中的样本复杂度相一致[WWBS17]。

定理 9.1 和定理 9.2 表明，当噪声程度(高斯噪声模型中为 σ，数据缺失模型中为 ρ^{-1})足够小时，合理选取可调参数 λ 能够使自相似矩阵 $\{\boldsymbol{c}_i\}_{i=1}^N$ 满足子空间检测特性。此外，该算法对于噪声的最大接受程度为 $\sigma=O(n^{1/4})$ 和 $\rho=\Omega(\mathcal{X}^{2/3}n^{-1/3}+n^{-2/5})$ 从而改进现有算法的样本复杂度(见表 4.1)。

9.1.2 全随机模型

当基础子空间 $\mathcal{U}_1$，…，$\mathcal{U}_L$ 为独立均匀采样时，则为全随机模型[SC12,SEC14,WX16]，定理 9.2 的条件可进一步简化为：

推论 9.1 假设基础子空间 $\mathcal{U}_1$，…，$\mathcal{U}_L$ 具有相同的维度 d，并且均为均匀采样，则定理 9.2 中条件可以简化为

$$\rho > \widetilde{K}_1(\mu^2 d^{7/2}\log^2 N)^{2/5} \cdot n^{-2/5}$$

其中 $\widetilde{K}_1>0$ 是一个新常数。

推论 9.1 表明在全随机模型中，可以忽略定理 9.2 中的 $(\mu\mathcal{X}d^{5/2}\log^2 N)^{2/3} \cdot n^{-1/3}$，成功条件可改为 $\rho=\Omega(n^{-2/5})$，从而改进了现有的实验结果(见表 4.1)。

9.2 证明

本节给出了主要结论的证明过程。由于篇幅所限，此处仅提供一个大致的证明框架。

9.2.1　噪声表征和预处理的可行性

定义 9.5(噪声变量的表示方式)　$\{z_i\}$为独立随机变量的集合且$\mathbb{E}[z_i]=0$。进一步，存在参数ψ_1，$\psi_2>0$使得对于所有i，$j\in[N]$，下列不等式

$$|z_i^{\mathrm{T}}y_j|\leqslant=\psi_1\sqrt{\frac{\log N}{n}},\ |z_i^{\mathrm{T}}z_j-\mathbb{E}[z_i^{\mathrm{T}}z_j]|\leqslant\begin{cases}\psi_1\sqrt{\dfrac{\log N}{n}}i\neq j\\ \psi_2\sqrt{\dfrac{\log N}{n}}i=j\end{cases}$$

的概率为$1-O(N^{-10})$。

命题 9.1　当$j\neq k$时有$\Delta_{jk}\geqslant 3\psi_1\sqrt{\frac{\log N}{n}}$，当$j=k$时有$\Delta_{jk}\geqslant 3\psi_2\sqrt{\frac{\log N}{n}}$，那么公式 4.1 中的集合$S$非空的概率为$1-O(N^{-10})$。

以下两个引理可以得到两个噪声模型中参数ψ_1和ψ_2的精确界。

引理 9.1　当$\psi_1\lesssim\sigma^2$且$\psi_2\lesssim\sigma^2$时高斯噪声模型满足定义 9.5。

引理 9.2　假设$\rho=\Omega(n^{-1/2})$，当$\psi_1\lesssim\rho^{-1}\mu d\sqrt{\log N}$且$\psi_2\lesssim\rho^{3/2}\mu d\sqrt{\log N}$时，数据缺失模型满足定义 9.5。其中$d=\max\limits_{\ell\in[L]}d_\ell$，$\mu=\max\limits_{\ell\in[L]}\mu_\ell$。

9.2.2　最优性条件和对偶性证明

首先给出 CoCoSSC 算法的对偶问题：

$$\text{对偶 CoCoSSC}: \boldsymbol{v}_i = \arg\max_{v_i \in \mathbb{R}^N} \widetilde{\boldsymbol{x}}_i^{\mathrm{T}} \boldsymbol{v}_i - \frac{1}{2\lambda}\|\boldsymbol{v}_i\|_2^2 \quad \text{使得} \|\widetilde{\boldsymbol{X}}_{-i}^{\mathrm{T}} \boldsymbol{v}_i\|_\infty \leqslant 1 \tag{9.1}$$

引理 9.3（对偶性证明，[WX16]引理 12）　假设存在三元组($\boldsymbol{c}$, $\boldsymbol{e}$, $\boldsymbol{v}$)使得 $\widetilde{x}_i = \widetilde{X}_{-i}c + e$，$\boldsymbol{c}$ 确保 $S \subseteq T \subseteq [N]$，并且 $\boldsymbol{v}$ 满足

$$[\widetilde{\boldsymbol{X}}_{-i}]_S^{\mathrm{T}} \boldsymbol{v} = \mathrm{sgn}(\boldsymbol{c}_S),\ \boldsymbol{v} = \lambda e,$$
$$\|[\widetilde{\boldsymbol{X}}_{-i}]_{T \cap S^c}^{\mathrm{T}} \boldsymbol{v}\|_\infty \leqslant 1,\ \|[\widetilde{\boldsymbol{X}}_{-i}]_{T^c}^{\mathrm{T}} \boldsymbol{v}\|_\infty < 1$$

则公式 4.2 中的任何最优解 $\boldsymbol{c}_i$ 满足 $[\boldsymbol{c}_i]_{T^c} = \boldsymbol{0}$。

为了构造对偶性证明并消除潜在的统计依赖性，依照[WX16]中的方法来考虑带约束条件的优化问题。令 $\widetilde{\boldsymbol{X}}_{-i}^{(\ell)}$ 表示所有的数据矩阵，并 $\widetilde{\boldsymbol{x}}_i$ 在类簇 $\mathcal{S}_\ell$ 中。带约束的优化问题可以定义为：

$$\text{原始约束}: \widetilde{\boldsymbol{c}}_i = \arg\max_{c_i \in \mathbb{R}^{N_\ell - 1}} \|\boldsymbol{c}_i\|_1 + \lambda/2 \cdot \|\widetilde{\boldsymbol{x}}_i - \widetilde{\boldsymbol{X}}_{-i}^{(\ell)} \boldsymbol{c}_i\|_2^2 \tag{9.2}$$

$$\text{对偶约束}: \widetilde{\boldsymbol{v}}_i = \arg\max_{c_i \in \mathbb{R}^{N_\ell - 1}} \widetilde{\boldsymbol{x}}_i^{\mathrm{T}} \boldsymbol{v}_i - 1/(2\lambda) \cdot \|\boldsymbol{v}_i\|_2^2$$
$$\text{使得} \|(\widetilde{\boldsymbol{X}}_{-i}^{(\ell)})^{\mathrm{T}} \boldsymbol{v}_i\|_\infty \leqslant 1 \tag{9.3}$$

当 $\boldsymbol{c} = [\widetilde{\boldsymbol{c}}_i, 0_{\mathcal{S}_{-\ell}}]$，$\boldsymbol{v} = [\widetilde{\boldsymbol{v}}_i, 0_{\mathcal{S}_{-\ell}}]$并且 $\boldsymbol{e} = \widetilde{\boldsymbol{x}}_i - \widetilde{\boldsymbol{X}}_{-i}^{(\ell)} \widetilde{\boldsymbol{c}}_i$ 时，对偶性证明满足引理 9.3 中的前三个条件，其中 $T = \mathcal{S}_\ell$ 且 $S = \mathrm{supp}(\widetilde{\boldsymbol{c}}_i)$。因此，只需要确定对于所有的 $\widetilde{x}_j \notin \mathcal{S}_\ell$ 都有 $|\langle \widetilde{\boldsymbol{x}}_j, \widetilde{\boldsymbol{v}}_i \rangle| < 1$，表明没有错误的识别，这一点将会在下一节中证明。

9.2.3　确定性的成功条件

将下面确定性的量表示为子空间之间的非相关性及子空间内径，这些量在稀疏子空间聚类算法[SC12,WX16,SEC14]的确定性分析中是十分重要的。

定义 9.6(子空间之间的非相关性)　**子空间之间的非相关性** $\widetilde{\mu}$ 定义为 $\widetilde{\mu}:=\max\limits_{\ell\in[L]}\max\limits_{y_i\in\mathcal{S}_\ell}\max\limits_{y_j\notin\mathcal{S}_\ell}|\langle \boldsymbol{y}_i,\boldsymbol{y}_j\rangle|$。

定义 9.7(子空间内径)　定义 r_i 为内接于 $\{\pm \boldsymbol{Y}_{-j}^{(\ell)}\}$ 的凸区域的最大球的半径，同时定义 $r:=\min\limits_{1\leqslant i\leqslant N} r_i$。

下面的引理可以推导出 $|\langle \widetilde{\boldsymbol{x}}_i,\widetilde{\boldsymbol{v}}_j\rangle|$ 的上界。

引理 9.4　对于任意属于不同聚类类别的 (i,j)，有 $|\langle \widetilde{\boldsymbol{x}}_j,\widetilde{\boldsymbol{v}}_i\rangle|\lesssim\lambda(1+\|\widetilde{\boldsymbol{c}}_i\|_1)(\widetilde{\mu}+\psi_1\sqrt{\log N/n})$，其中 $\|\widetilde{\boldsymbol{c}}_i\|_1\lesssim r^{-1}(1+r^{-1}\lambda(\psi_1+\psi_2)\sqrt{\log N/n}$。

引理 9.3 和 9.4 能够得出以下定理：

定理 9.3(非错误识别)　存在一个绝对常数 $\kappa_1>0$，如果

$$\frac{\lambda}{r}\left[1+\frac{\lambda}{r}(\psi_1+\psi_2)\sqrt{\frac{\log N}{n}}\right]\cdot\left[\widetilde{\mu}+\psi_1\sqrt{\frac{\log N}{n}}\right]<\kappa_1\tag{9.4}$$

那么公式 4.2 中 CoCoSSC 算法的最优解 $\boldsymbol{c}_i$ 没有错误的识别，即对于所有的 $\boldsymbol{x}_i$、$\boldsymbol{x}_j$ 属于不同聚类类别时有 $\boldsymbol{c}_{ij}=0$。

下面的定理给出了 $\boldsymbol{c}_i$ 非平凡解的条件。

定理 9.4(避免平凡解)　存在一个绝对常数 $\kappa_2>0$，如果

$$\lambda\left[r-\psi_1\sqrt{\frac{\log N}{n}}\right]>\kappa_2\tag{9.5}$$

那么公式 4.2 中 CoCoSSC 算法的最优解 $\boldsymbol{c}_i$ 是非平凡解，即 $\boldsymbol{c}_i\neq\boldsymbol{0}$。

最后，对于较小常数 $c>0$（仅依赖于常数 κ_1 和 κ_2），选取 $r=c/\lambda$。如果对于足够小的绝对常数 $\kappa_3>0$ 且该常数依赖于 κ_1、κ_2 和 c，有

$$\max\left\{\frac{\psi_1}{r}\sqrt{\frac{\log N}{n}}, \frac{\widetilde{\mu}}{r^2}, \frac{\widetilde{\mu}(\psi_1+\psi_2)}{r^3}\sqrt{\frac{\log N}{n}}, \frac{\psi_1(\psi_1+\psi_2)}{r^3}\frac{\log N}{n}\right\}<\kappa_3 \tag{9.6}$$

那么 λ 的选择必须同时满足定理 9.3 和 9.4。

9.2.4　随机模型中 $\widetilde{\mu}$ 和 r 的边界情况

引理 9.5　假设 $N_\ell=\Omega(\overline{C}d_\ell/\underline{C}_\ell)$，那么在非均匀半随机模型中，$\widetilde{\mu}\lesssim\mathcal{X}\sqrt{\log(\overline{C}N/\underline{C})}$ 且 $r\gtrsim 1\sqrt{d}$ 的概率为 $1-O(N^{-10})$。

引理 9.6　假设 $\mathcal{U}_1,\cdots,\mathcal{U}_L$ 是 $\mathbb{R}^n$ 中维度为 d 的独立均匀采样的线性子空间，那么 $\mathcal{X}\lesssim d\sqrt{\log N/n}$ 且 $\mu\lesssim\sqrt{\log N}$ 的概率为 $1-O(N^{-10})$。

9.3　数值结果

实验设置和方法　计算机处理器为 Intel Core i7 CPU(4GHz)，内存为 16GB，在人工生成的数据集上进行数值形式实验。每一个人工合成数据集的环境维度 $n=100$，固有维度 $d=4$，基础子空间数量 $L=10$，并且无标签数据点的总数为 $N=1000$。观测率 ρ 和高斯噪声数量级 σ 在数值模拟过程中是变化的。基础子空间都是均匀随机生成，与全随机模型相一致。每个数据点被分配到任何聚类类别的概率都是均等的，并且在其对应的低维子空间上均匀随机生成。

我们将 CoCoSSC 算法与目前两种流行的 Lasso SSC 算法和去偏置的 Dantzig 选择器进行了性能对比（稍后说明）。CoCoSSC 算法和 Lasso SSC算法中 ℓ_1 正则化的自回归过程均通过 ADMM 进行实现。

CoCoSC 算法的预处理步骤采用交互投影进行实现，并初始化 $\widetilde{\Sigma}=\boldsymbol{X}^{\top}\boldsymbol{X}-\boldsymbol{D}$。与理论形式不同的是，公式 4.1 中为了算法快速收敛，Δ 选取为一个很大的数值(对角线元素为 3×10^3，非对角线元素为 10^3)。去偏置的 Dantzig 选择器通过线性规划方式进行实现。

评估策略　采用两种策略对算法进行评估，并与其他算法进行比较。第一种策略是通过测量相似矩阵 $\{\boldsymbol{c}_i\}_{i=1}^N$ 偏离子空间检测属性的(相对)程度来评估相似矩阵的质量。特别是，该策略选用在[WX16]中提出的 RelViolation 度量标准，其形式定义如下：

$$\text{RelViolation}(C,\mathcal{M})=\Big(\sum_{(i,j)\in\mathcal{M}}|C|_{i,j}\Big)/\Big(\sum_{(i,j)\in\mathcal{M}}|C|_{i,j}\Big)\quad(9.7)$$

其中对于任意(i,j)，存在 l 满足 $\boldsymbol{x}_i,\boldsymbol{x}_j\in\mathcal{S}^{(\ell)}$，$\mathcal{M}$ 是真实值的掩模。高的 RelViolation 值表明频繁偏离子空间检测特性，此时相似矩阵 $\{\boldsymbol{c}_i\}_{i=1}^N$ 的质量较差。

对于聚类结果，利用 Fowlkes-Mallows(FM)指数[FM83]评估计算结果的质量。假设集合 $\mathcal{A}\subseteq\{(\mathrm{i},\mathrm{j})\in[\mathrm{N}]\times[\mathrm{N}]\}$ 由成对的数据点组成，这些数据点通过聚类算法聚在一起，并且 $\mathcal{A}_0$ 是真实的聚类结果。定义 $\mathrm{TP}=|\mathcal{A}\cap\mathcal{A}_0|$，$\mathrm{FP}=|\mathcal{A}\cap\mathcal{A}_0^c|$，$\mathrm{FN}=|\mathcal{A}^c\cap\mathcal{A}_0|$，$\mathrm{TN}=|\mathcal{A}^c\cap\mathcal{A}_0^c|$。Fowlkes-Mallows 指数可以表示为

$$FM=\sqrt{TP^2/(TP+FP)(TP+FN)}$$

任意两个类簇 $\mathcal{A}$ 和 $\mathcal{A}_0$ 的 FM 指数取值范围为 0 到 1，FM 指数为 1 表示两者为完全相同的聚类，反之 FM 指数趋近 0。

结果　在图 9-1 中，分别对 Lasso SSC、去偏置的 Dantzig 选择器和 CoCoSSC 三种算法生成的相似矩阵 $\{\boldsymbol{c}_i\}_{i=1}^N$ 进行了定性的说明。通过图 9-1可知，Lasso SSC 算法的相似矩阵存在多个伪连接，并且由于每个

块(聚类类别)内部的信号较弱，所以 Lasso SSC 算法和去偏置的 Dantzig 选择器算法均存在图的连通性问题。另一方面，CoCoSSC 算法生成的相似矩阵在每个块(聚类类别)中得到了较好的信号值。这表明本书提出的 CoCoSSC 算法不仅如理论证明结果所示含有很少的错误预测，并且有更好的图的连通性，不过这一点在理论分析中没有涉及。

在图 9-2 中给出了在不同噪声级别(σ)和观测率(ρ)情况下，对于聚类结果的 Fowlkes-Mallows(FM)指数和相似矩阵$\{c_i\}_{i=1}^{N}$的 RelViolation 分数。尝试了调优参数 λ 的一系列取值并给出了算法为最优情况时 λ 的取值。根据实验可知，本书提出的 CoCoSSC 算法各方面性能均超过 Lasso SSC 算法和去偏置的 Dantzig 选择器算法。此外，CoCoSSC 算法的计算效率很高，在每一个人工合成数据集上能够在 8～15 秒收敛。另一方面，去偏置的 Dantzig 选择器算法计算代价很大，通常需要 100 多秒才能够收敛。

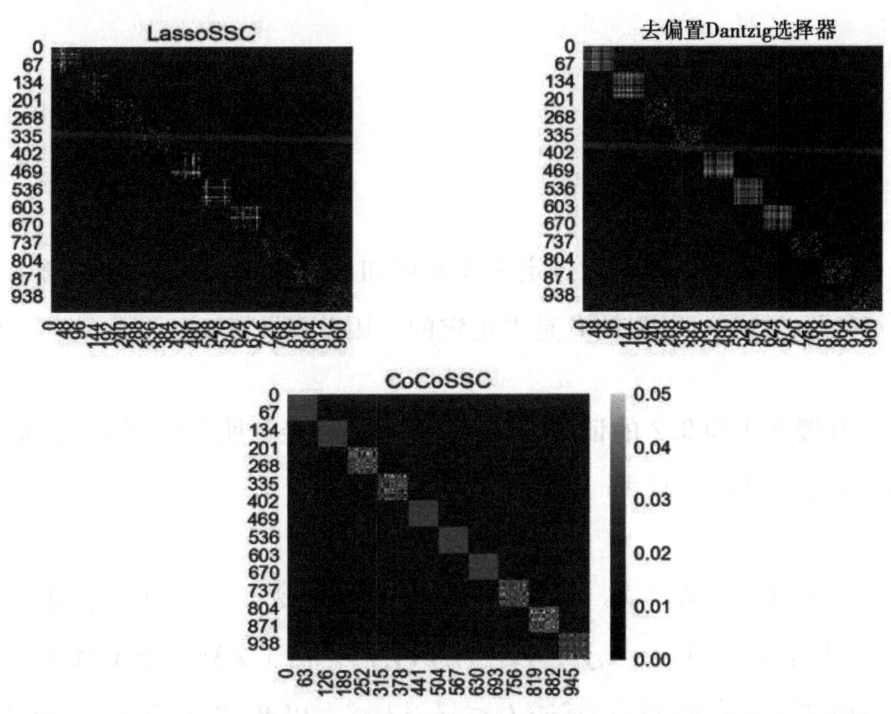

图 9-1　相似矩阵$\{c_i\}_{i=1}^{N}$的热力图，其中颜色越深表明矩阵元素的绝对值越大。左边：LassoSSC 算法。中间：去偏置 Dantzig 选择器算法。右边：CoCoSSC 算法

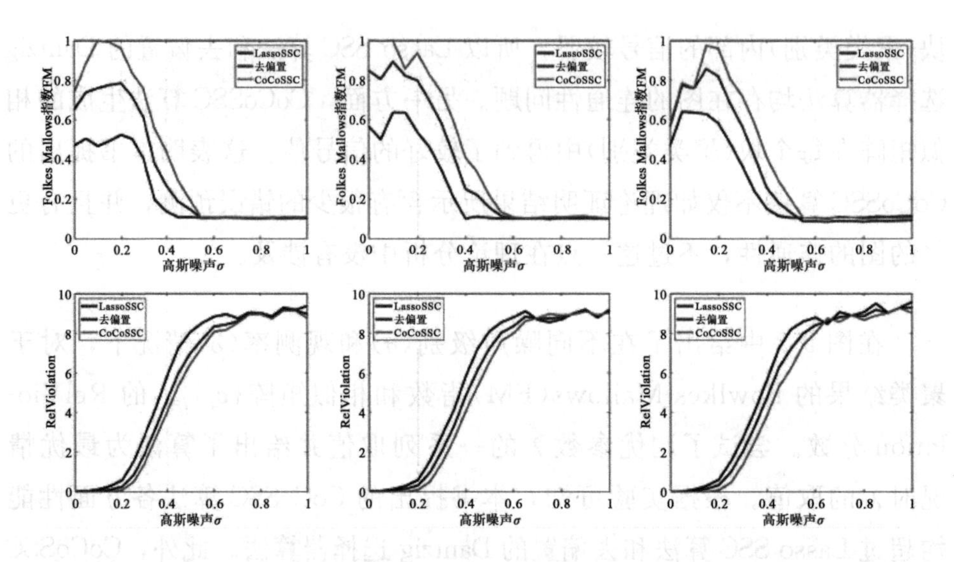

图 9-2　三种算法的聚类结果的 Fowlkes-Mallows 指数(第 1 行)和相似矩阵 $\{\boldsymbol{c}_i\}_{i=1}^N$ 的 RelViolation 分数(第 2 行)，其中噪声数量级 σ 变化范围为 0 到 1。左列缺失率 $1-\rho=0.03$，中间列缺失率 $1-\rho=0.25$，右列缺失率 $1-\rho=0.9$

9.4　技术细节

命题 9.1 的证明　通过定义 9.5 可知从元素角度来看满足 $|\widetilde{\boldsymbol{\Sigma}}_{-i}-\boldsymbol{Y}_{-i}^{\mathrm{T}}\boldsymbol{Y}_{-i}|\leqslant|\Delta|$，并且 $\boldsymbol{Y}^{\mathrm{T}}\boldsymbol{Y}$ 是半正定的，因此 $\boldsymbol{Y}^{\mathrm{T}}\boldsymbol{Y}\in\boldsymbol{S}$。■

引理 9.1 和 9.2 的证明　文献[WX16]已经证明了引理 9.1。根据[WX16]中的引理 17 和 18 可知 $\mathbb{E}[\boldsymbol{z}_i^{\mathrm{T}}\boldsymbol{z}_i]=\sigma^2$。

下面证明引理 9.2。首先考虑 $|z_i^{\mathrm{T}}y_j|$。令 $\boldsymbol{z}=\boldsymbol{z}_i$，$\boldsymbol{y}=\boldsymbol{y}_i$，$\widetilde{\boldsymbol{y}}=\boldsymbol{y}_j$ 和 $r=R_j$，定义 $T_i:=\boldsymbol{z}_i\boldsymbol{y}_i=(1-\boldsymbol{r}_i/\rho)\boldsymbol{y}_i\widetilde{\boldsymbol{y}}_j$。由于 $\boldsymbol{r}$ 独立于 $\boldsymbol{y}$ 和 $\widetilde{\boldsymbol{y}}$，从而有 $\mathbb{E}[T_i]=0$，$\mathbb{E}[T_i^2]\leqslant\boldsymbol{y}_i^2\widetilde{\boldsymbol{y}}_i^2/\rho\leqslant\mu^2d^2/\rho n^2$，以及 $|T_i|\leqslant\mu d/\rho n=:M$。根据伯恩斯坦不等式可知下式成立的概率为 $1-O(N^{-10})$。

$$|\boldsymbol{z}_i^{\top}\boldsymbol{y}_j| = \left|\sum_{i=1}^{T} T_i\right| \lesssim \sqrt{\sum_{i=1}^{n} \mathbb{E}[T_i^2]\cdot \log N} + M\log N \lesssim \mu d\sqrt{\frac{\log^2 N}{\rho n}}$$

接下来考虑 $|\boldsymbol{z}_i^{\top}\boldsymbol{z}_j|$ 在 $i\neq j$ 的情况。令 $\boldsymbol{y}=\boldsymbol{y}_i$，$\widetilde{\boldsymbol{y}}=\boldsymbol{y}_j$，$\boldsymbol{r}=R_i$ 和 $\widetilde{r}=R_j$。根据对 μ 的定义可知 $\|\boldsymbol{y}\|_\infty^2\leqslant \mu d_i/n$ 且 $\|\widetilde{\boldsymbol{y}}\|_\infty^2\leqslant \mu d_j/n$。定义 $T_i := z_i\widetilde{z}_i=(1-\boldsymbol{r}_i/\rho)(1-\widetilde{\boldsymbol{r}}_i/\rho)\cdot y_i\widetilde{\boldsymbol{y}}_i$。因为 $\boldsymbol{r}$ 和 $\widetilde{\boldsymbol{r}}$ 相互独立，所以有$\mathbb{E}[T_i]=0$，$\mathbb{E}[T_i^2]\leqslant \boldsymbol{y}_i^2\widetilde{\boldsymbol{y}}_i^2/\rho^2\leqslant \mu^2d^2/\rho^2n^2$，以及 $|\boldsymbol{T}_i|\leqslant \mu d/\rho^2 n =: M$。根据伯恩斯坦不等式可知下式成立的概率为 $1-O(N^{-10})$。

$$\left|\sum_{t=1}^{n} T_i\right| \lesssim \sqrt{\sum_{i=1}^{n} \mathbb{E}[T_i^2]\cdot \log N} + M\log N \lesssim \frac{\mu d}{\rho}\sqrt{\frac{\log^2 N}{n}}$$

其中因为 $\rho=O(n^{-1/2})$ 所以最后一个不等式成立。

最后考虑 $|\boldsymbol{z}_i^{\top}\boldsymbol{z}_j|$ 在 $i=j$ 的情况。令 $\boldsymbol{z} := \boldsymbol{z}_i=\boldsymbol{z}_j$，定义 $T_i := \boldsymbol{z}_i^2-\mathbb{E}[\boldsymbol{z}_i^2]=(1-\boldsymbol{r}_i/\rho)^2\boldsymbol{y}_i^2-(1-\rho)^2/\rho\cdot \boldsymbol{y}_i^2$ 容易验证 $\mathbb{E}[T_i]=0$，$\mathbb{E}[T_i^2]\lesssim y_i^4/\rho^3\leqslant \mu^2d^2/\rho^3n^2$，以及 $|\boldsymbol{T}_i|\lesssim \boldsymbol{y}_i^2/\rho^2\leqslant \mu d/\rho^2 n$。因此下式成立的概率为 $1-O(N^{-10})$。

$$\left|\sum_{i=1}^{n} T_i\right| \lesssim \frac{\mu d}{\rho^{3/2}}\sqrt{\frac{\log^2 N}{n}}$$

$(1-\rho)/\rho\cdot\|\boldsymbol{y}_i\|_2^2=(1-\rho)/\rho$ 的估计误差 $(1-\rho)(\boldsymbol{X}^{\top}\boldsymbol{X})_{ii}$ 可以近似为上界。■

引理 9.4 的证明　当 $j\neq k$ 时，令 $\boldsymbol{\Delta}_{jk}=3\psi_1\sqrt{\frac{\log N}{n}}$，当 $j=k$ 时，令 $\boldsymbol{\Delta}_{jk}=3\psi_2\sqrt{\frac{\log N}{n}}$。令 $\widetilde{\boldsymbol{x}}_i\in\mathcal{S}_\ell$ 和 $\widetilde{\boldsymbol{x}}_j\notin\mathcal{S}_\ell$。因为 $\widetilde{\boldsymbol{v}}_i=\lambda(\widetilde{\boldsymbol{x}}_i-\widetilde{\boldsymbol{X}}_{-i}^{(\ell)}\widetilde{\boldsymbol{c}}_i)$，故有

$$
\begin{aligned}
|\langle \tilde{\boldsymbol{x}}_j, \tilde{\boldsymbol{v}}_i \rangle| &= \lambda |\tilde{\boldsymbol{x}}_j^{\top}(\tilde{\boldsymbol{x}}_i + \tilde{\boldsymbol{X}}_{-i}^{(\ell)} \tilde{\boldsymbol{c}}_i)| \\
&\leqslant \lambda(1 + \| \tilde{\boldsymbol{c}}_i \|_1) \cdot \sup_{\tilde{\boldsymbol{x}}_i \in \mathcal{S}_\ell} |\langle \tilde{\boldsymbol{x}}_j, \tilde{\boldsymbol{x}}_i \rangle| \\
&\leqslant \lambda(1 + \| \tilde{\boldsymbol{c}}_i \|_1) \cdot \left(\tilde{\mu} + \sup_{\tilde{\boldsymbol{x}}_i \notin \mathcal{S}_\ell} |\langle \tilde{\boldsymbol{x}}_j, \tilde{\boldsymbol{x}}_i \rangle - \langle \boldsymbol{y}_j, \boldsymbol{y}_i \rangle|\right) \\
&\lesssim \lambda(1 + \| \tilde{\boldsymbol{c}}_i \|_1) \cdot \left[\tilde{\mu} + \psi_1 \sqrt{\frac{\log N}{n}}\right]
\end{aligned}
\tag{9.8}
$$

其中，根据定义 9.5 上式中的最后一个不等式成立，事实上

$$
\begin{aligned}
&|\langle \tilde{\boldsymbol{x}}_i, \tilde{\boldsymbol{x}}_j \rangle - \langle \tilde{\boldsymbol{y}}_i, \tilde{\boldsymbol{y}}_j \rangle| \\
&\leqslant (\tilde{\Sigma}_{+})_{ij} - (\tilde{\Sigma})_{ij} | + |(\tilde{\Sigma})_{ij} - \langle \tilde{\boldsymbol{y}}_i, \tilde{\boldsymbol{y}}_j \rangle| \\
&\leqslant |\Delta_{ij}| + |\langle \tilde{\boldsymbol{x}}_i, \tilde{\boldsymbol{x}}_j \rangle - \langle \tilde{\boldsymbol{y}}_i, \tilde{\boldsymbol{y}}_j \rangle| \\
&\leqslant |\Delta_{ij}| + |\langle \tilde{\boldsymbol{z}}_i, \tilde{\boldsymbol{y}}_j \rangle| + |\langle \tilde{\boldsymbol{y}}_j, \tilde{\boldsymbol{z}}_i \rangle| + |\langle \tilde{\boldsymbol{z}}_j, \tilde{\boldsymbol{z}}_i \rangle| \\
&\lesssim \psi_1 \sqrt{\frac{\log N}{n}} \qquad \text{对 } i \neq j
\end{aligned}
$$

为了约束 $\| \tilde{c}_i \|_1$，考虑一个辅助的无噪声问题：

$$
\tilde{\boldsymbol{c}}_i := \arg\min_{\boldsymbol{c}_i} \| \boldsymbol{c}_i \|_1 \qquad \text{使得 } \boldsymbol{y}_i = \boldsymbol{Y}_{-i}^{(\ell)} \boldsymbol{c}_i \tag{9.9}
$$

当 $r>0$ 的时候，公式 9.9 是一定可行的。通过如下规范的分析过程(如，[WX16]引理 15 和公式 5.15)，可确定 $\| \hat{\boldsymbol{c}}_i \|_1 \leqslant 1/r_i \leqslant 1/r$。另一方面，通过最优化可得 $\| \tilde{\boldsymbol{c}}_i \|_1 + \frac{\lambda}{2} \| \tilde{\boldsymbol{x}}_i - \tilde{\boldsymbol{X}}_{-i}^{(\ell)} \tilde{\boldsymbol{c}}_i \|_2^2 \leqslant \| \hat{\boldsymbol{c}}_i \|_1 + \frac{\lambda}{2} \| \tilde{\boldsymbol{x}}_i - \tilde{\boldsymbol{X}}_{-i}^{(\ell)} \hat{\boldsymbol{c}}_i \|_2^2$。因此

$$
\begin{aligned}
\| \tilde{\boldsymbol{c}}_i \|_1 &\leqslant \| \hat{\boldsymbol{c}}_i \|_1 + \frac{\lambda}{2} \| \tilde{\boldsymbol{x}}_i - \tilde{\boldsymbol{X}}_{-i}^{(\ell)} \hat{\boldsymbol{c}}_i \|_2^2 \\
&\lesssim \| \hat{\boldsymbol{c}}_i \|_1 + \frac{\lambda}{2} \| \boldsymbol{y}_i - \boldsymbol{Y}_{-i}^{(\ell)} \hat{\boldsymbol{c}}_i \|_2^2 + (1 + \| \hat{\boldsymbol{c}}_i \|_1)^2
\end{aligned}
$$

$$\cdot \frac{\lambda}{2} \sup_{\boldsymbol{y}_i, \boldsymbol{y}_j \in \mathcal{S}_\ell} |\langle \widetilde{\boldsymbol{x}}_i, \widetilde{\boldsymbol{x}}_j \rangle - \langle \boldsymbol{y}_i, \boldsymbol{y}_j \rangle|$$

$$= \|\hat{\boldsymbol{c}}_i\|_1 + (1 + \|\hat{\boldsymbol{c}}_i\|_1)^2 \cdot \frac{\lambda}{2} \sup_{\boldsymbol{y}_i, \boldsymbol{y}_j \in \mathcal{S}_\ell} |\langle \widetilde{\boldsymbol{x}}_i, \widetilde{\boldsymbol{x}}_j \rangle - \langle \boldsymbol{y}_i, \boldsymbol{y}_j \rangle|$$

$$\lesssim \|\hat{\boldsymbol{c}}_i\|_1 + (1 + \|\hat{\boldsymbol{c}}_i\|_1)^2 \cdot (\psi_1 + \psi_2) \sqrt{\frac{\log N}{n}}$$

$$\lesssim \frac{1}{r}\left[1 + \frac{\lambda}{r}(\psi_1 + \psi_2) \sqrt{\frac{\log N}{n}}\right] \tag{9.10}$$

■

定理 9.4 的证明　根据[WX16]中 Lasso SSC 算法求解方式的分析，足以说明 $\lambda > 1/\|\widetilde{\boldsymbol{x}}_i^\top \widetilde{\boldsymbol{X}}_{-i}\|_\infty$。另一方面，注意到 $\|y_i^\top Y_{-i}\|_\infty \geqslant \|y_i^\top Y_{-i}^{(\ell)}\|_\infty \geqslant r_i \geqslant r$(见[WX16]式(5.19))，从而有

$$\|\widetilde{\boldsymbol{x}}_i^\top \widetilde{\boldsymbol{X}}_{-i}\|_\infty \geqslant \|\boldsymbol{y}_i^\top \boldsymbol{Y}_{-i}\|_\infty - \sup_{j \neq i} |\langle \widetilde{\boldsymbol{x}}_i, \widetilde{\boldsymbol{x}}_j \rangle - \langle \boldsymbol{y}_i, \boldsymbol{y}_j \rangle|$$

$$\gtrsim r - \psi_1 \sqrt{\frac{\log N}{n}}$$

■

引理 9.5 的证明　首先证明

$$\max_{\boldsymbol{y}_i \in \mathcal{S}_k} \max_{\boldsymbol{y}_j \in \mathcal{S}_\ell} |\langle \boldsymbol{y}_i, \boldsymbol{y}_j \rangle| \lesssim \chi_{k\ell} \cdot \frac{\log(\overline{C}N/\underline{C})}{\sqrt{d_k d_\ell}} \quad \forall j \neq k \in [L] \tag{9.11}$$

设 N_k 和 N_ℓ 分别表示数据集合 $\mathcal{S}_k$ 和 $\mathcal{S}_l$ 的数据点的总数，设 P_k 和 P_ℓ 均为以 $\overline{C}p_0$ 和 $\underline{C}p_0$ 为上下界的对应的密度。考虑一个拒绝抽样过程：首先在 $\{\alpha \in \mathbb{R}^{dk}: \|\alpha\|_2 = 1\}$ 上以均匀测度对 α 随机采样，如果 $u > p_k(\alpha)/\overline{C}p_0$ 其中 $u \sim U(0, 1)$，那么拒绝该样本。重复上述过程，直到得到 N_k 个样本。因为 $p_k/p_0 \leqslant \overline{C}$ 并且得到的(可接受)样本集合独立同分布于 P_k，所以这个采样过程是合理的。另一方面，对于任意 α 接受

的概率下界为$\overline{C}/\underline{C}$。因此，该过程最终会产生一个总量为$O(\overline{C}N_k/\underline{C})$的样本集合(包括可接受的和拒绝的)。不失一般性，在每一个子空间中增加$\widetilde{N}_k=O(\overline{C}N_k/\underline{C})$和$\widetilde{N}_\ell=O(\overline{C}N_\ell/\underline{C})$个点，从而假设分布$P_k$与分布$P_\ell$在对应球面上具有一致测度。

令$\boldsymbol{y}_i=\boldsymbol{U}_k\boldsymbol{\alpha}_i$和$\boldsymbol{y}_j=\boldsymbol{U}_\ell\boldsymbol{\alpha}_j$，其中$\boldsymbol{\alpha}_i\in\mathbb{R}^{d_k}$，$\boldsymbol{\alpha}_j\in\mathbb{R}^{d_\ell}$且$\|\boldsymbol{\alpha}_i\|_2=\|\boldsymbol{\alpha}_i\|_2=1$，那么$\boldsymbol{\alpha}_i$和$\boldsymbol{\alpha}_j$都均匀分布在低维球面上，且$|\langle\boldsymbol{y}_i,\ \boldsymbol{y}_j\rangle|=|\boldsymbol{\alpha}_i^T(\boldsymbol{U}_k^\top\boldsymbol{U}_\ell)\alpha_j|$。应用[SC12]中的引理7.5可知$\mathcal{X}_{k\ell}=\|\boldsymbol{U}_k^\top\boldsymbol{U}_\ell\|_F$，从而完成对公式9.11的证明。

接下来证明

$$\boldsymbol{r}_i\gtrsim\sqrt{\frac{\log(\underline{C}N_\ell/\overline{C}d_\ell)}{d_\ell}}\ \forall i\in[N],\ell\in[L],\ x_i\in\mathcal{S}_\ell \tag{9.12}$$

令P_ℓ为子空间$\mathcal{S}_\ell$的基础测度，通过分解得到$P_\ell=\underline{C}/C\cdot P_0+(1-\underline{C}/C)\cdot P'_\ell$，其中$P_0$为均匀测度。因为$\underline{C}P_0\leqslant P_\ell\leqslant\overline{C}P_0$，所以上述分解过程以及对应的密度$P'_\ell$是存在的。这表明子空间$\mathcal{S}_\ell$中点的分布可以表示为一个以权重$\underline{C}/\overline{C}$的混合分布与均匀密度分布的混合。由于$r_i$随数据集的减小而减小，因此只需要考虑均匀混合即可。因此可以假设P_ℓ为均匀测度，代价是只考虑子空间$\mathcal{S}_\ell$中的$\widetilde{N}_\ell=\Omega(\underline{C}N_\ell/\overline{C})$个点。应用[WX16]中的引理21并且用$\widetilde{N}_\ell$代替$N_\ell$，从而完成对公式9.12的证明。

最后，引理9.5可以通过公式9.11和公式9.12推出。■

引理9.6的证明　选取k，$\ell\in[L]$，且设$\boldsymbol{U}_k=(\boldsymbol{u}_{k1},\ \cdots,\ \boldsymbol{u}_{kd})$，$\boldsymbol{U}_\ell=(\boldsymbol{u}_{\ell 1},\cdots,\boldsymbol{u}_{\ell d})$为$\mathcal{U}_k$和$\mathcal{U}_\ell$的标准正交基，则有$\mathcal{X}_{k\ell}=\|\boldsymbol{U}_k^\top\boldsymbol{U}_\ell\|_F\leqslant$

$d\|U_k^\top U_\ell\|_{\max}=d\cdot\sup_{1<i,j<d}|\langle \boldsymbol{u}_{ki},\boldsymbol{u}_{\ell j}\rangle|$。因为$\mathcal{U}_k$和$\mathcal{U}_\ell$为随机子空间，所以$\boldsymbol{u}_{ki}$和$\boldsymbol{u}_{\ell j}$为均匀分布在$d$维单位球面上的独立向量。应用[WX16]中的引理17可知$\mathcal{X}$对所有的i，j，k，ℓ具有同样的上界。对于μ中的上界，根据高斯上界的标准结果，易知$\|\boldsymbol{u}_{jk}\|_\infty\lesssim\sqrt{\frac{\log N}{n}}$成立的概率为$1-O(N^{-10})$。■

9.5　小结

利用数值形式进行模拟验证了考虑高斯噪声影响时的谱聚类精度。实验中，环境维度$n=100$，固有维度$d=4$，聚类类群的数量$L=10$，数据集总的数据量为$N=1000$，高斯噪声为Z_j服从正态分布$N(0, \sigma/\sqrt{n})$其中σ变化范围从0到1，步长为0.01。

第二项实验研究高斯噪声σ和缺失率ρ对RelViolution的影响，其中σ的变化范围为0到1，步长为0.01，ρ分别设置为0.03、0.05和0.10。该实验中，环境维度$n=10$，固有维度$d=2$，聚类类群的数量$L=5$，数据集总的数据量为$N=100$。

最后通过数值形式分别测试了高斯噪声σ，子空间随机维度d和聚类类群数量L对实验结果的影响。

一个有趣的研究方向是在$\|\boldsymbol{y}_i\|_2$范数未知的情况下进一步将样本复杂度改进为$\rho=\Omega(n^{-1/2})$。因为在最小观测率下样本协方差$\boldsymbol{X}^\top\boldsymbol{X}$的非对角元素可以一致估计为最大范数，这种样本复杂度可能是最优的，并且这对于相关的回归问题也是最佳的[WWBS17]。

多元时间序列中稳定和分组因果关系的在线发现

本章内容安排如下：10.1 节描述问题，10.2 节详细介绍所提方法以及等价贝叶斯模型，10.3 节给出一种利用粒子学习进行在线推理的解决方案。10.4 节展示大量的实验验证。最后对本章进行小结并展望未来。

10.1 问题表述

本节通过 VAR 模型给出了 Granger 因果关系的正式定义。在给定时间区间$[0, T]$中给出一组定义在$\mathbb{R}^n$上的时间序列$\boldsymbol{Y}$，如下所示：

$$\boldsymbol{Y} = \{\boldsymbol{y}_t: \boldsymbol{y}_t \in \mathbb{R}^n, t \in [0,T]\}$$

其中$\boldsymbol{y}_t=(y_{t,1}, y_{t,2}, \cdots, y_{t,n})^{\mathrm{T}}$。Granger 因果关系的推理通常是通过将时间序列数据$\boldsymbol{Y}$与 VAR 模型拟合来实现的。给定最大时滞L，VAR 模型表示如下：

$$\boldsymbol{y}_t = \sum_{l=1}^{L} W_l^{\mathrm{T}} \boldsymbol{y}_{t-l} + \boldsymbol{\epsilon} \tag{10.1}$$

其中$\boldsymbol{\epsilon}$是标准高斯噪声，向量值$\boldsymbol{y}_t(1 \leqslant t \leqslant T)$只依赖于过去的向量值$\boldsymbol{y}_{t-l}(1 \leqslant l \leqslant L)$，$\boldsymbol{y}_t$和$\boldsymbol{y}_{t-l}$之间的 Granger 因果关系由如下矩阵形成：

$$\boldsymbol{W}_l = (w_{l,\, ji})_{n \times n}$$

其中元素 $w_{l,ji}$ 表示 $y_{t-l,i}$ 对 $y_{t,j}$ 的影响力大小，记作 $y_{t-l,i} \rightarrow_g y_{t,j}$。

为了研究矩阵 $\boldsymbol{W}_l(l=1,2,\cdots,L)$ 的稀疏性，文献[ZWW+16]提出了如下 VAR-Lasso 模型：

$$\min_{\boldsymbol{W}_l} \sum_{t=L+1}^{T} \left\| \boldsymbol{y}_t - \sum_{l=1}^{L} \boldsymbol{W}_l^{\mathrm{T}} \boldsymbol{y}_{t-l} \right\|_2^2 + \lambda_1 \sum_{l=1}^{L} \| \boldsymbol{W}_l \|_1 \tag{10.2}$$

以及一种基于贝叶斯更新的在线时变方法，但是它并不稳定，且无法选择一组高度相关的变量。为了解决这些问题，我们提出了一种采用粘性网正则化(elastic-net regularization)的方法，并在以下各节中给出了对应的在线推理策略。

10.2 粘性网正则化

本节从贝叶斯建模的角度描述 VAR 粘性网模型及其等效形式。

10.2.1 基本优化模型

粘性网正则化[ZH05]是 L_1 和 L_2 范数的组合，对 MTS 数据具有以下目标函数：

$$\sum_{t=L+1}^{T} \left\| \boldsymbol{y}_t - \sum_{l=1}^{L} \boldsymbol{W}_l^{\mathrm{T}} \boldsymbol{y}_{t-l} \right\|_2^2 + \lambda_1 \sum_{l=1}^{L} \| \boldsymbol{W}_l \|_1 + \lambda_2 \sum_{l=1}^{L} \| \boldsymbol{W}_l \|_2^2 \tag{10.3}$$

其中 $\|\cdot\|_1$ 是 entrywise(元素形式)范数，$\|\cdot\|_2$ 是 Frobenius 范数(或 Hilbert-Schmidet 范数)。

为了将式(10.3)转化为线性回归模型的标准形式，我们定义一个 $nL\times n$ 矩阵 β：

$$\beta = (\boldsymbol{W}_1^{\mathrm{T}}, \boldsymbol{W}_2^{\mathrm{T}}, \cdots, \boldsymbol{W}_L^{\mathrm{T}})^{\mathrm{T}} \tag{10.4}$$

和一个 nL 列向量 $\boldsymbol{x}_t$：

$$\boldsymbol{x}_t = [\boldsymbol{y}_{t-1}^{\mathrm{T}}, \boldsymbol{y}_{t-2}^{\mathrm{T}}, \cdots, \boldsymbol{y}_{t-L}^{\mathrm{T}}]^{\mathrm{T}} \tag{10.5}$$

则式 (10.3)可以改写为

$$\sum_{t=L+1}^{T} (\boldsymbol{y}_t - \boldsymbol{\beta}^{\mathrm{T}} \boldsymbol{x}_t)^2 + \lambda_1 \|\boldsymbol{\beta}\|_1 + \lambda_2 \|\boldsymbol{\beta}\|_2^2 \tag{10.6}$$

系数矩阵 β 可以表示为

$$\boldsymbol{\beta} = (\boldsymbol{\beta}_1^{\mathrm{T}}, \boldsymbol{\beta}_2^{\mathrm{T}}, \cdots, \boldsymbol{\beta}_n^{\mathrm{T}})^{\mathrm{T}} \tag{10.7}$$

其中 $\boldsymbol{\beta}_i (i=1, 2, \cdots, n)$是 nL 维的行向量。基于式(10.7)，式(10.6)可等效为：

$$\sum_{t=L+1}^{T} (y_{t,i} - \boldsymbol{\beta}_i^{\mathrm{T}} \boldsymbol{x}_t)^2 + \lambda_1 \|\boldsymbol{\beta}_i\|_1 + \lambda_2 \|\boldsymbol{\beta}_i\|_2^2 \tag{10.8}$$

其中 $i=1, 2, \cdots, n$。因此式(10.3)的优化问题转化为式(10.8)中的 n 个独立标准线性回归问题。

10.2.2　对应的贝叶斯模型

从贝叶斯角度来看，给定系数向量 $\boldsymbol{\beta}_i$ 和随机观测噪声方差 σ_i^2，$y_{t,i} (i=1, 2, \cdots, n)$服从高斯分布，如下所示：

$$y_{t,i} | \boldsymbol{\beta}_i, \sigma_i^2 \sim \mathcal{N}(\boldsymbol{\beta}_i^{\mathrm{T}} \boldsymbol{x}_t, \sigma_i^2) \tag{10.9}$$

系数向量 $\boldsymbol{\beta}_i$ 被视为高斯-拉普拉斯混合分布的随机变量，如下所示[LL⁺10,Mur12]：

$$\rho(\boldsymbol{\beta}_i|\sigma_i^2) \propto \exp\Big(-\lambda_1\sigma_i^{-1}\sum_{j=1}^{nL}|\boldsymbol{\beta}_{ij}|-\lambda_2\sigma_i^{-2}\sum_{j=1}^{nL}|\boldsymbol{\beta}_{ij}^2|\Big) \tag{10.10}$$

式(10.10)表示正态分布和指数分布按比例的混合分布，并且等价于下面的分层形式：

$$\begin{aligned}
&\tau_j^2|\lambda_1 \sim \sqrt{\exp(\lambda_1^2)}\\
&\boldsymbol{\beta}_i|\sigma_i^2,\tau_1^2,\cdots,\tau_{nL}^2 \sim \mathcal{N}(0,\sigma_i^2\boldsymbol{M}_{\boldsymbol{\beta}_i})\\
&\boldsymbol{M}_{\beta_i} = \mathbf{diag}((\lambda_2+\tau_1^{-2})^{-1},\cdots,(\lambda_2+\tau_{nL}^{-2})^{-1})
\end{aligned} \tag{10.11}$$

方差 σ_i^2 是服从以下逆伽马分布的随机变量[Mur12]：

$$\sigma_i^2 \sim \mathcal{IG}(\alpha_1,\alpha_2) \tag{10.12}$$

其中 α_1 和 α_2 是超参数。

式(10.10)能够通过整合式(10.12)中的超参数 α_1 和 α_2 得到，并且当 $\lambda_2=0$ 时，式(10.10)降为常规 Lasso。

10.2.3 时变因果关系模型

上述模型是传统的静态回归模型，基于该假设，即系数 $\boldsymbol{\beta}_i(i=1,2,\cdots,n)$未知但固定，这在实际中很少成立。为了模拟动态关联性，将系数向量 $\boldsymbol{\beta}_{t,i}(i=1,2,\cdots,n)$看作时间 t 的函数是合理的。尤其是我们提出了一种系数向量建模方法，将系数向量分为固定部分和动态部分，后者则实时跟踪时间序列中与时间相关的时变部分。

令 Hadamard 积(entrywise 积)运算用“∘”表示，则动态系数向量

$\boldsymbol{\beta}_{t,i}(i=1, 2, \cdots, n)$的构建形式如下：

$$\boldsymbol{\beta}_{t,i}=\boldsymbol{\beta}_{t,i,1}+\boldsymbol{\beta}_{t,i,2}\circ\boldsymbol{\eta}_{t,i} \tag{10.13}$$

其中$\boldsymbol{\beta}_{t,i,1}$和$\boldsymbol{\beta}_{t,i,2}$是静止部分，$\boldsymbol{\eta}_{t,i}$是动态部分。在$t$时刻的动态部分是由$t-1$时刻的信息通过标准高斯随机游走而产生的，即$\boldsymbol{\eta}_{t,i}=\boldsymbol{\eta}_{t-1,i}+\boldsymbol{v}$，$(\boldsymbol{v}\sim\mathcal{N}(0, \boldsymbol{I}_{nN}))$，因此$\boldsymbol{\eta}_{t,i}$服从高斯分布：

$$\eta_{t,i}\sim\mathcal{N}(\eta_{t-1,i},\boldsymbol{I}_{nL}) \tag{10.14}$$

结合式(10.13)，式(10.8)中的等效时变贝叶斯粘性网模型变为：

$$\begin{aligned}&\sum_{t=L+1}^{T}(y_{t,i}-\boldsymbol{\beta}_{t,i}^{\mathrm{T}}\boldsymbol{x}_t)^2+\lambda_{1,1}\|\boldsymbol{\beta}_{t,i,1}\|_1\\&+\lambda_{2,1}\|\boldsymbol{\beta}_{t,i,1}\|_2^2+\lambda_{1,2}\|\boldsymbol{\beta}_{t,i,2}\|_1+\lambda_{2,2}\|\boldsymbol{\beta}_{t,i,2}\|_2^2\end{aligned} \tag{10.15}$$

此外，等效贝叶斯模型的先验信息如下：

$$\begin{aligned}&\beta_{i,1}\mid\sigma_i^2,\tau_{1,1}^2,\cdots,\tau_{1,nL}^2\sim\mathcal{N}(0,\sigma_i^2 M_{\beta_{i,1}})\\&\beta_{i,2}\mid\sigma_i^2,\tau_{2,1}^2,\cdots,\tau_{2,nL}^2\sim\mathcal{N}(0,\sigma_i^2 M_{\beta_{i,2}})\\&\tau_{1,j}^2\mid\lambda_{1,1}\sim\sqrt{\exp(\lambda_{1,1}^2)}\\&\tau_{2,j}^2\mid\lambda_{1,2}\sim\sqrt{\exp(\lambda_{1,2}^2)}\\&\sigma_i^2\sim\mathcal{IG}(\alpha_1,\alpha_2)\\&\boldsymbol{M}_{\beta i,1}=\mathbf{diag}((\lambda_{2,1}+\tau_{1,1}^{-2})^{-1},\cdots,(\lambda_{2,1}+\tau_{1,nL}^{-2})^{-1})\\&\boldsymbol{M}_{\beta i,2}=\mathbf{diag}((\lambda_{2,2}+\tau_{2,1}^{-2})^{-1},\cdots,(\lambda_{2,2}+\tau_{2,nL}^{-2})^{-1})\end{aligned} \tag{10.16}$$

用传统的优化方法很难直接解决上述回归模型，下一节提出了从贝叶斯角度利用粒子学习推理 VAR 粘性网模型的解决方案。

10.3 在线推理

通常，推理是从假定为真的已知前提或数值中得出逻辑结论的行为或过程。本节的目标是使用在线推理技术来推理贝叶斯模型中的潜参数和状态变量。但是，由于推理部分程度上取决于生成潜状态变量的随机游走现象，因此我们使用粒子学习策略[CJLP10]来学习参数和状态变量的分布。

在此，我们描述了基于粒子学习的在线推理过程，该过程可用于从 $t-1$ 时刻到 t 时刻的参数更新。最后，我们用算法的伪代码总结了整个过程。

粒子的定义如下。

定义 10.1（粒子） 用于预测 $y_{t,i}(i=1,2,\cdots,n)$的**粒子**是一个容器，保存用于预测的当前状态信息。其中状态信息包括随机变量及其分布，以及相应的超参数。

假定粒子数量是 B，令 $\mathcal{P}_{t,i}^{(k)}$ 为 t 时刻预测值 y_i 的第 k 个粒子，粒子权重为 $\rho_{t,i}^{(k)}$。

为了简洁表达式(10.13)中的固定部分，定义一个新变量 $\boldsymbol{\beta}_{t,i}^{\prime(k)}=(\boldsymbol{\beta}_{t,i,1}^{(k),\mathrm{T}},\boldsymbol{\beta}_{t,i,2}^{(k),\mathrm{T}})^{\mathrm{T}}$。在 $t-1$ 时刻，粒子 $\mathcal{P}_{t-1,i}^{(k)}$包含服从如下分布的变量和超参数：

$$\boldsymbol{\beta}'^{(k)}_{t-1,i}\sim\mathcal{N}\left(\boldsymbol{\mu}_{\boldsymbol{\beta}'^{(k)}_{t-1,i}},\sigma_i^2\boldsymbol{M}^{\frac{1}{2}}_{\boldsymbol{\beta}'^{(k)}_{t-1,i}}\boldsymbol{\Sigma}_{\boldsymbol{\beta}'^{(k)}_{t-1,i}}\boldsymbol{M}^{\frac{1}{2}}_{\boldsymbol{\beta}'^{(k)}_{t-1,i}}\right)$$

$$\boldsymbol{\eta}^{(k)}_{t-1,i}\sim\mathcal{N}\left(\boldsymbol{\mu}_{\boldsymbol{\eta}^{(k)}_{t-1,i}},\boldsymbol{\Sigma}_{\boldsymbol{\eta}^{(k)}_{t-1,i}}\right)$$

$$\sigma_{t-1,i}^{2(k)} \sim \mathcal{IG}\left(\alpha_{t-1,1}^{(k)}, \alpha_{t-1,2}^{(k)}\right) \tag{10.17}$$

10.3.1　粒子学习

如[CJLP10]所述，粒子学习被视为一种非常强大的工具，可在使用贝叶斯模型时用于提供在线推理策略。它属于序贯蒙特卡罗(SMC)方法的大类，而序贯蒙特卡罗方法包括用于解决滤波问题的一套蒙特卡罗方法。可以注意到，粒子学习还可以在一般状态空间模型框架内进行状态滤波、序贯参数学习和平滑。

使用粒子学习的核心思想是创建粒子算法，该算法可以直接在完全适应重采样-传播框架(fully adapted resample-propagate framework)内采样，对状态和固定参数的条件充分统计量的联合后验概率分布进行近似。下面的步骤给出了粒子学习的思想：

1)在 $t-1$ 时刻，有 B 个粒子，每个粒子都包含式(10.17)中的信息，$t-1$ 时刻的系数为

$$\boldsymbol{\beta}_{t-1,i}^{(k)} = \boldsymbol{\beta}_{t-1,i,1}^{(k)} + \boldsymbol{\beta}_{t-1,i,2}^{(k)} \circ \boldsymbol{\eta}_{t-1,i}^{(k)}$$

2)在 t 时刻，从式(10.14)中采样动态部分 $\boldsymbol{\eta}_{t,i}^{(k)}$，更新所有先验信息的参数，并为每个粒子采样 $\boldsymbol{\beta}_{t,i,1}^{(k)}$，$\boldsymbol{\beta}_{t,i,2}^{(k)}$ 的新值(具体参考10.3.2节)。

3)最后，获得新的反馈 $y_{t,i}$，并根据重新计算的粒子权重重新采样 B 个粒子(具体参考10.3.2节)。t 时刻用于预测的 $\boldsymbol{\beta}_{t,i}$ 平均值如下：

$$\boldsymbol{\beta}_{t,i} = \frac{1}{B}\sum_{k=1}^{B}(\boldsymbol{\beta}_{t,i,1}^{(k)} + \boldsymbol{\beta}_{t,i,2}^{(k)} \circ \boldsymbol{\eta}_{t,i}^{(k)}) \tag{10.18}$$

10.3.2　更新过程

在粒子学习过程中，关键步骤是从 $t-1$ 时刻到 t 时刻更新所有参数，并重新计算上述粒子权重。本节详细描述了粒子权重和所有参数的更新过程。

粒子权重更新

每个粒子 $\mathcal{P}_{t,i}^{(k)}$ 都有一个权重，表示为 $\rho_{t,i}^{(k)}$，代表它对 t 时刻新观测数据的适应性，且有 $\sum_{k=1}^{B}\rho_{t,i}^{(k)}=1$ 。每个粒子 $\mathcal{P}_{t,i}^{(k)}$ 的适应性被定义为观测数据 $\boldsymbol{x}_t$ 和 $y_{t,i}$ 的似然函数：

$$\rho_{t,i}^{(k)} \propto P(\boldsymbol{x}_t, y_{t,i} \mid \mathcal{P}_{t-1,i}^{(k)})$$

结合式(10.14)中的 $\boldsymbol{\eta}_{t,i}^{(k)}$ 表达式和式(10.17)中的 $\boldsymbol{\eta}_{t-1,i}^{(k)}$ 表达式，t 时刻的粒子权重 $\rho_i^{(k)}$ 正比于下式：

$$\rho_{t,i}^{(k)} \propto \iint \mathcal{N}(y_{t,i} \mid \beta_{t,i}^{(k),\mathrm{T}} \boldsymbol{x}_t, \sigma_{t-1,i}^{2(k)}) \mathcal{N}(\boldsymbol{\eta}_{t,i}^{(k)} \mid \boldsymbol{\eta}_{t-1,i}^{(k)}, I_{nL}) \mathcal{N}(\boldsymbol{\eta}_{t-1,i}^{(k)} \mid \boldsymbol{\mu}_{\boldsymbol{\eta}_{t-1,i}}^{(k)}, \boldsymbol{\Sigma}_{\boldsymbol{\eta}_{t-1,i}^{(k)}}) \mathrm{d}\boldsymbol{\eta}_{t-1,i}^{(k)} \mathrm{d}\boldsymbol{\eta}_{t,i}^{(k)} \tag{10.19}$$

整合变量 $\boldsymbol{\eta}_{t,i}^{(k)}$ 和 $\boldsymbol{\eta}_{t-1,i}^{(k)}$，能够得到 t 时刻的粒子权重 $\rho_i^{(k)}$ 服从如下高斯分布：

$$\rho_{t,i}^{(k)} \propto \mathcal{N}(y_{t,i} \mid m_{t,i}^{(k)}, Q_{t,i}^{(k)}) \tag{10.20}$$

其中均值和方差分别为：

$$m_{t,i}^{(k)} = (\boldsymbol{\beta}_{t,i,1}^{(k)} + \boldsymbol{\beta}_{t,i,2}^{(k)} \circ \boldsymbol{\mu}_{\eta_{t-1,i}}^{(k)})^{\mathrm{T}} \boldsymbol{x}_t$$

$$
\begin{aligned}
Q_{t,i}^{(k)} = \sigma_{t-1,i}^{2(k)} + (\boldsymbol{x}_t \circ \beta_{t,i,2}^{(k)})^{\mathrm{T}} \\
(\boldsymbol{I}_{nL} + \Sigma_{\eta_{t-1,i}^{(k)}})(\boldsymbol{x}_t \circ \boldsymbol{\beta}_{t,i,2}^{(k)})
\end{aligned}
\tag{10.21}
$$

此外，通过归一化获得在 t 时刻的第 k 个粒子的最终权重，如下所示：

$$
\rho_{t,i}^{(k)} = \frac{\mathcal{N}(y_{t,i} \mid m_{t,i}^{(k)}, Q_{t,i}^{(k)})}{\sum_{k=1}^{B} \mathcal{N}(y_{t,i} \mid m_{t,i}^{(k)}, Q_{t,i}^{(k)})}
\tag{10.22}
$$

随着 t 时刻的粒子权重 $\rho_{t,i}^{(k)}(k=1, 2, \cdots, B)$ 获取之后，t 时刻的 B 个粒子需要重新采样。

潜状态更新

t 时刻有了新的观测值 $\boldsymbol{x}_t$ 和 $y_{t,i}$ 之后，均值 $\boldsymbol{\mu}_{\boldsymbol{\eta}_{t-1,i}}^{(k)}$ 和方差 $\boldsymbol{\Sigma}_{\boldsymbol{\eta}_{t-1,i}^{(k)}}$ 需要从 $t-1$ 时刻更新到 t 时刻。此处，我们使用卡尔曼滤波[Har90]递归更新 t 时刻的均值和方差：

$$
\begin{aligned}
\boldsymbol{\mu}_{\boldsymbol{\eta}_{t,i}}^{(k)} &= \boldsymbol{\mu}_{\boldsymbol{\eta}_{t-1,i}}^{(k)} + \boldsymbol{G}_{t-1,i}^{(k)} \\
&\quad (y_{t,i} - (\boldsymbol{\beta}_{t,i,1}^{(k)} + \boldsymbol{\beta}_{t,i,2}^{(k)} \circ \boldsymbol{\mu}_{\boldsymbol{\eta}_{t-1,i}}^{(k)})^{\mathrm{T}} \boldsymbol{x}_t) \\
\boldsymbol{\Sigma}_{\boldsymbol{\eta}_{t,i}^{(k)}} &= \boldsymbol{\Sigma}_{\boldsymbol{\eta}_{t-1,i}^{(k)}} + \boldsymbol{I}_{nL} - \boldsymbol{G}_{t,i}^{(k)} Q_{t,i}^{(k)} \boldsymbol{G}_{t,i}^{(k),\mathrm{T}}
\end{aligned}
\tag{10.23}
$$

其中 $\boldsymbol{G}_{t,i}^{(k)}$ 是卡尔曼滤波增益[Har90]：

$$
\boldsymbol{G}_{t,i}^{(k)} = \left(\boldsymbol{I}_{nL} + \boldsymbol{\Sigma}_{\boldsymbol{\eta}_{t-1,i}^{(k)}}\right)(\boldsymbol{x}_t \circ \boldsymbol{\beta}_{t-1,i,2}^{'(k)}) {Q_{t,i}^{(k)}}^{-1}
\tag{10.24}
$$

然后，我们可以从高斯分布中采样 t 时刻的动态部分，如下所示：

$$
\boldsymbol{\eta}_{t,i}^{(k)} \sim \mathcal{N}(\boldsymbol{\mu}_{\boldsymbol{\eta}_{t,i}^{(k)}}, \boldsymbol{\Sigma}_{\boldsymbol{\eta}_{t,i}^{(k)}})
\tag{10.25}
$$

在更新参数之前，需要执行重采样过程。将粒子集 $\mathcal{P}_{t-1,i}^{(k)}$ 更换为

$\mathcal{P}_{t,i}^{(k)}$，其中 $\mathcal{P}_{t,i}^{(k)}$ 是由 $\mathcal{P}_{t-1,i}^{(k)}$ 基于新粒子权重的放回抽样产生的。

参数更新

采样了动态部分 $\boldsymbol{\eta}_{t,i}^{(k)}$ 后，从 $t-1$ 时刻到 t 时刻，协方差矩阵、均值和超参数的参数更新如下：

$$\begin{aligned}
\boldsymbol{\Sigma}_{\boldsymbol{\beta}_{t,i}^{'(k)}} &= \left(\boldsymbol{\Sigma}_{\boldsymbol{\beta}_{t-1,i}^{'(k)}}^{-1} + \boldsymbol{M}_{\boldsymbol{\beta}_{t-1,i}^{'(k)}}^{\frac{1}{2}} \boldsymbol{z}_{t,i}^{(k)} \boldsymbol{z}_{t,i}^{(k)\mathrm{T}} \boldsymbol{M}_{\boldsymbol{\beta}_{t-1,i}^{'(k)}}^{\frac{1}{2}}\right)^{-1} \\
\boldsymbol{\mu}_{\boldsymbol{\beta}_{t,i}^{'(k)}} &= \boldsymbol{M}_{\boldsymbol{\beta}_{t-1,i}^{'(k)}}^{\frac{1}{2}} \boldsymbol{\Sigma}_{\boldsymbol{\beta}_{t,i}^{'(k)}} \boldsymbol{M}_{\boldsymbol{\beta}_{t-1,i}^{'(k)}}^{\frac{1}{2}} \boldsymbol{z}_{t,i}^{(k)} y_{t,i} \\
&\quad + \boldsymbol{M}_{\boldsymbol{\beta}_{t-1,i}^{'(k)}}^{\frac{1}{2}} \boldsymbol{\Sigma}_{\boldsymbol{\beta}_{t,i}^{'(k)}} \boldsymbol{\Sigma}_{\boldsymbol{\beta}_{t-1,i}^{'(k)}} \boldsymbol{M}_{\boldsymbol{\beta}_{t-1,i}^{'(k)}}^{\frac{1}{2}} \boldsymbol{\beta}_{t-1,i}^{'(k)} \\
\alpha_{t,1}^{(k)} &= \alpha_{t-1,1}^{(k)} + \frac{1}{2} \\
\alpha_{t,2}^{(k)} &= \alpha_{t-1,2}^{(k)} + \frac{1}{2} y_{t,i}^{2} + \frac{1}{2} \boldsymbol{\mu}_{\boldsymbol{\beta}_{t-1,i}^{'(k)}}^{\mathrm{T}} \boldsymbol{M}_{\boldsymbol{\beta}_{t-1,i}^{'(k)}}^{\frac{1}{2}} \boldsymbol{\Sigma}_{\boldsymbol{\beta}_{t-1,i}^{'(k)}} \boldsymbol{M}_{\boldsymbol{\beta}_{t-1,i}^{'(k)}}^{-\frac{1}{2}} \boldsymbol{\mu}_{\boldsymbol{\beta}_{t-1,i}^{'(k)}} \\
&\quad - \frac{1}{2} \boldsymbol{\mu}_{\boldsymbol{\beta}_{t,i}^{'(k)}}^{\mathrm{T}} \boldsymbol{M}_{\boldsymbol{\beta}_{t,i}^{'(k)}}^{-\frac{1}{2}} \boldsymbol{\Sigma}_{\boldsymbol{\beta}_{t,i}^{'(k)}} \boldsymbol{M}_{\boldsymbol{\beta}_{t,i}^{'(k)}}^{-\frac{1}{2}} \boldsymbol{\mu}_{\boldsymbol{\beta}_{t,i}^{'(k)}}
\end{aligned} \tag{10.26}$$

其中 $\boldsymbol{z}_{t,i}^{(k)}=(\boldsymbol{x}_t^{\mathrm{T}},(\boldsymbol{\eta}_{t,i}^{(k)}\circ\boldsymbol{x}_t)^{\mathrm{T}})^{\mathrm{T}}$ 是 $2n$ 维列向量。在 t 时刻，式(10.26)参数更新后，对 $\sigma_{t,i}^{2(k)}$ 和系数 $\boldsymbol{\beta}_{t,i}^{'(k)}$ 的固定部分进行采样如下：

$$\begin{aligned}
\sigma_{t,i}^{2(k)} &\sim \mathcal{IG}(\alpha_{t,1}^{(k)}, \alpha_{t,2}^{(k)}) \\
\beta_{t,i}^{'(k)} &\sim \mathcal{N}(\boldsymbol{\mu}_{\boldsymbol{\beta}_{t,i}^{'(k)}}, \sigma_{t,i}^{2(k)} \boldsymbol{M}_{\boldsymbol{\beta}_{t,i}^{'(k)}}^{\frac{1}{2}} \boldsymbol{\Sigma}_{\boldsymbol{\beta}_{t,i}^{'(k)}}) \boldsymbol{M}_{\boldsymbol{\beta}_{t,i}^{'(k)}}^{\frac{1}{2}})
\end{aligned} \tag{10.27}$$

10.3.3　算法

综上所述，一种通过贝叶斯更新的 VAR 粘性网算法展示如下。

时变贝叶斯 VAR 粘性网模型的在线推理 MAIN 程序如算法 1 所示。给定的参数 B，L，α_1，α_2，λ_{11}，λ_{12}，λ_{21} 和 λ_{22} 作为 MAIN 程序

的输入。第 2 行到第 7 行是程序初始化。由于新的观测值 $\boldsymbol{y}_t$ 在时刻 t 得到，$\boldsymbol{x}_t$ 经过时滞后才能建立，因此 β_t 是通过调用 UPDATE 程序来推理。尤其在 UPDATE 程序中，我们在粒子学习[CJLP10]中而非粒子滤波中[DKZ+03]采用重采样传播策略。使用重采样传播策略，通过将 $\rho_{t,i}^{(k)}$ 作为第 k 个粒子的权重来对粒子进行重采样，其中 $\rho_{t,i}^{(k)}$ 代表 $t-1$ 时刻给定的粒子在 t 时刻观测发生的概率。重采样传播策略被认为是一种最优且完全适应的策略，避免了重要性采样的步骤。

算法 1　通过贝叶斯更新的 VAR 粘性网算法

1：**procedure** MAIN(B，L，α_1，α_2，λ_{11}，λ_{12}，λ_{21}，λ_{22}，$\boldsymbol{\beta}_t$)
2：　**for** $i=1$：K **do**
3：　　用 B 个粒子初始化 $y_{0,i}$；
4：　　**for** $k=1$：B **do**
5：　　　初始化 $\boldsymbol{\mu}_{\boldsymbol{\beta}'^{(k)}_{0,i}}=\mathbf{0}$
6：　　　初始化 $\boldsymbol{\Sigma}_{\boldsymbol{\beta}'^{(k)}_{0,i}}=\boldsymbol{I}$
7：　　**end for**
8：　**end for**
9：　**for** $t=1$：T **do**
10：　　用时滞 L 获取 x_t；
11：　　**for** $i=1$：K **do**
12：　　　UPDATE($\boldsymbol{x}_t$，$y_{t,i}$，$\boldsymbol{\beta}'_{t,i}$，$\boldsymbol{\eta}_{t,i}$)
13：　　　根据式(10.18)输出 $\boldsymbol{\beta}_t$
14：　　**end for**
15：　**end for**
16：**end procedure**

17：**procedure** UPDATE($\boldsymbol{x}_t$，$y_{t,i}$，$\boldsymbol{\beta}'_{t,i}$，$\boldsymbol{\eta}_{t,i}$)
18：　**for** $k=1$：B **do**
19：　　通过式(10.22)计算粒子权重 $\rho_{t,i}^{(k)}$；
20：　**end for**
21：　根据 $\rho_{t,i}^{(k)}$，从 $\mathcal{P}_{t-1,i}^{(k)}$ 中重采样 $\mathcal{P}_{t,i}^{(k)}$；
22：　**for** $i=1$：B **do**
23：　　通过式(10.23)更新 $\boldsymbol{\mu}_{\boldsymbol{\eta}_{t,i}^{(k)}}$ 和 $\boldsymbol{\Sigma}_{\boldsymbol{\eta}_{t,i}^{(k)}}$；
24：　　通过式(10.25)采样 $\boldsymbol{\eta}_{t,i}^{(k)}$；
25：　　通过式(10.26)更新参数 $\boldsymbol{\beta}'^{(k)}_{t,i}$，$\boldsymbol{\beta}'^{(k)}_{t,i}$，$\alpha_{t,2}^{(k)}$ 和 $\alpha_{t,2}^{(k)}$；
26：　　通过式(10.27)采样 $\sigma_{t,i}^{2(k)}$ 和 $\boldsymbol{\beta}'^{(k)}_{t,i}$；
27：　**end for**
28：**end procedure**

10.4 实验验证

为了验证所提算法的效率，我们对人工合成气候和现实世界气候的变化数据集进行了实验。本节首先概述用作对比的基准算法和评估指标；其次，介绍了生成合成数据的方法，然后详细说明了相应的实验结果；最后给出了一个关于现实世界气候变化数据集的案例研究。

10.4.1 基准算法

实验中，通过与下列基准算法进行比较来验证本章所提方法的性能：

- $BL(\gamma)$：VAR 模型，服从贝叶斯先验高斯分布 $\mathcal{N}(\mathbf{0}, \gamma^{-1}\boldsymbol{I}_d)$。
- BLasso(λ_1)：VAR-Lasso 模型，服从贝叶斯先验拉普拉斯分布 $\mathcal{L}(\mathbf{0}, \lambda_1\boldsymbol{I})$。
- TVLR(γ)：VAR 模型，服从贝叶斯先验高斯分布 $\mathcal{N}(\mathbf{0}, \gamma^{-1}\boldsymbol{I}_d)$，用系数中的固定部分和动态部分进行在线更新[ZWW+16]。
- TVLasso(λ_1, λ_2)：VAR-Lasso 模型，服从贝叶斯先验拉普拉斯分布 $\mathcal{L}(\mathbf{0}, \mathbf{diag}(\lambda_1 I, \lambda_2\boldsymbol{I}))$，用系数中的固定部分和动态部分进行在线更新[ZWW+16]。

我们提出的算法，VAR 粘性网模型，标记为 TVEN(λ_{11}, λ_{12}, λ_{21}, λ_{22})。式(10.15)中给出的惩罚参数 λ_{ij}($i=1, 2$; $j=1, 2$)确定了固定分量和动态分量的 L_1 和 L_2 范数。实验中，我们提取带有早期时间戳的小数据子集，并使用网格搜索来找到所有算法的最优参数。我们根据所提取数据子集上的预测误差来对参数设置进行交叉验证。

10.4.2　评价指标

1)**AUC 值**：在每个时刻 t，将其推理的时间关联结构(temporal dependency structure)与正确标记数据(ground truth)进行比较得到 AUC 值。$W_{l,ji}$ 的非零值代表 $y_{t-l,i} \rightarrow_g y_{t,j}$，而 $W_{l,ji}$ 绝对值越高，则表示存在时间关联 $y_{t-l,i} \rightarrow_g y_{t,j}$ 的可能性就越大。

2)**预测误差**：在每个时刻 t，真正的系数矩阵是 W_t，系数矩阵估计值是 $\hat{W}_t$，因此，由 Frobenius 范数[CDG00]定义的预测误差是 $\epsilon_t = \|\hat{W}_t - W_t\|_F$。较小的预测误差 ϵ_t 表示更加精确的时间结构推理。

10.4.3　数据合成与实验

本节首先介绍生成合成数据的方法，然后说明相应的实验结果。

合成数据生成

通过生成具有所有类型关联结构的合成 MTS，我们能够全面系统地评价每种方案下所提出方法的性能。表 10.1 总结了用于生成合成数据的参数。

表 10.1　合成数据生成的参数

名　称	描　述
K	MTS 数量
T	带有时间线的 MTS 总长度
L	VAR 模型的最大时滞
n	分段常数时的不同值的数量
S	时空关联的稀疏性，代表关联性矩阵 W 中的零值系数的比例
μ	噪声的均值
σ^2	噪声的方差

关联性结构由系数矩阵 $W_{l,ji}$ 表示，可以通过五种方式构造[ZWW⁺16]，如**零值**、**常数**、**分段常数**、**周期值**和**随机游走**。为了展示所提算法的有效性，我们通过**数值的分组**增加了一个新的结构，变量分为若干组，每组首先指定一个代表性的变量，该变量的系数在时刻 t 采样获得，同时其他变量的系数被分配了相同的值，并增加了一个小的高斯噪声，即 $\epsilon=0.1\epsilon^*$，$\epsilon^*\sim\mathcal{N}(0, 1)$。

全面评价

首先，通过设置参数 $S=0.85$，$T=5000$，$n=10$，$L=2$，$\mu=0$，$\sigma^2=1$，$K=(30, 40, 50)$ 产生合成数据，并根据该合成数据进行AUC和预测误差方面的总体评价。图 10-1 中的实验结果显示所提算法在 AUC 和预测误差两方面有最优的性能，这表明所提算法在发现时序数据关联关系方面具有优势。

为了更好地展示本章算法捕获动态关联关系的能力，我们对具有上述所有关联结构的合成数据使用不同的算法，并可视化以及对比了正确标记数据的系数和不同算法估计的系数。仿真实验中 $S=0.87$，$T=3000$，$L=2$，$n=10$，$\mu=0$，$\sigma^2=1$。为了保证与[ZWW⁺16]中的结果进行一致性的比较，我们设置参数 $K=20$。实验结果见图 10-2，结果显示我们所提算法在所有情况下能够更好地跟踪动态时间关联性。

分组效果

为了展示本章算法在稳定性和分组变量选择方面的能力，我们重点对带有分组数值关联性结构的合成数据开展实验，其中 $T=3000$，$n=10$，$L=1$，$\mu=0$，$\sigma^2=1$，$K=20$。在本实验采样的关联矩阵中，只有 6 个系数非零，将它们等分为两组。当对每组系数进行采样时，我们首先采样一个值 x，然后为该组中的每个成员分配值 x，并添加一个小的高斯噪声，即 $\epsilon=0.1\epsilon^*$，$\epsilon^*\sim\mathcal{N}(0, 1)$，这样合成数据将具有分组效果。

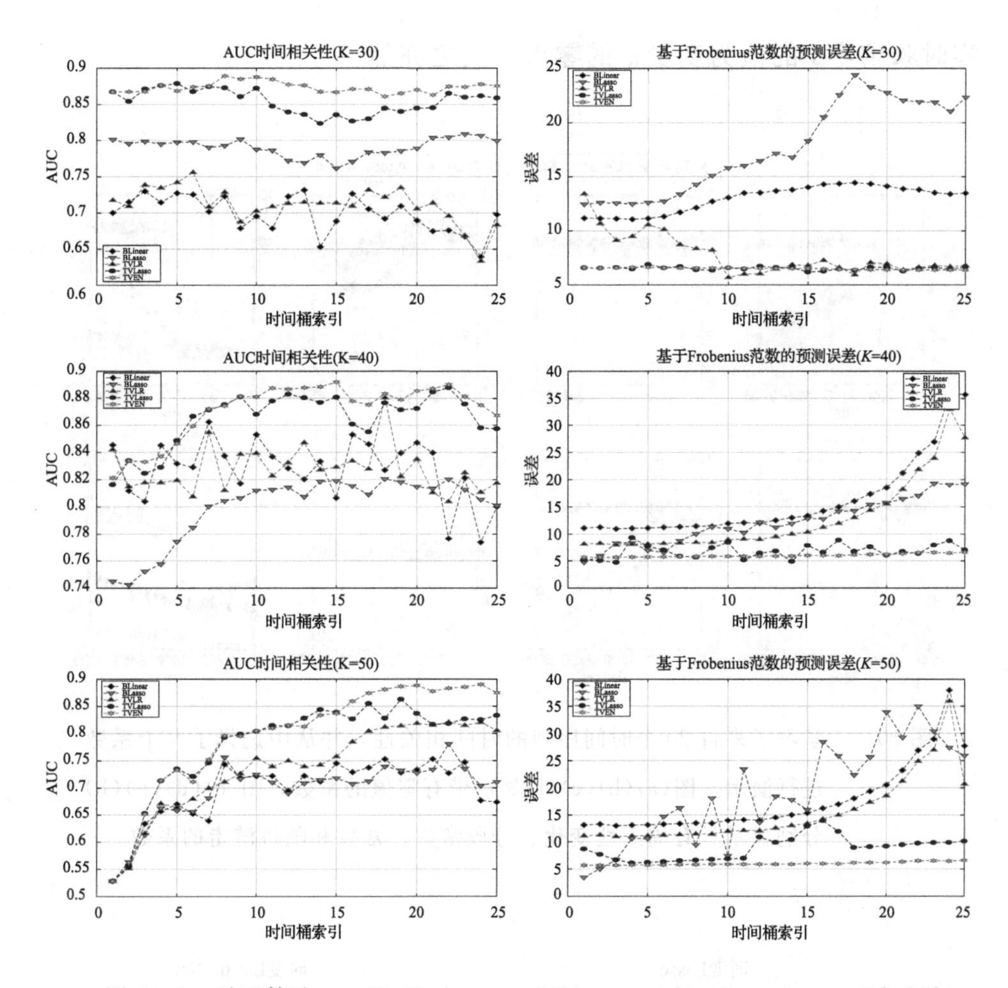

图 10-1　对于算法 BLR(1.0)、BLasso(1k)、TVLR(1.0)、TVLasso(1k, 2k)和 TVElastic-Net(1k, 2k, 1m, 2m)，从 AUC 和预测误差两方面对时间相关性辨识性能进行评价，桶的规模为 200

我们利用如下定义的调整参数收缩率 s[ZH05]：

$$s = \|\beta\|_1 / \max(\|\beta\|_1)$$

其中 s 位于区间[0，1]。s 越小，代表对系数 β 的 L_1 范数的惩罚越大，因此非零系数的比率较小。我们也有以下定义：

定义 10.2(零点)　模型中，我们称使得变量 α 的系数从零变为非

零时收缩率 s 的值为变量 α 的**零点**，反之亦然。

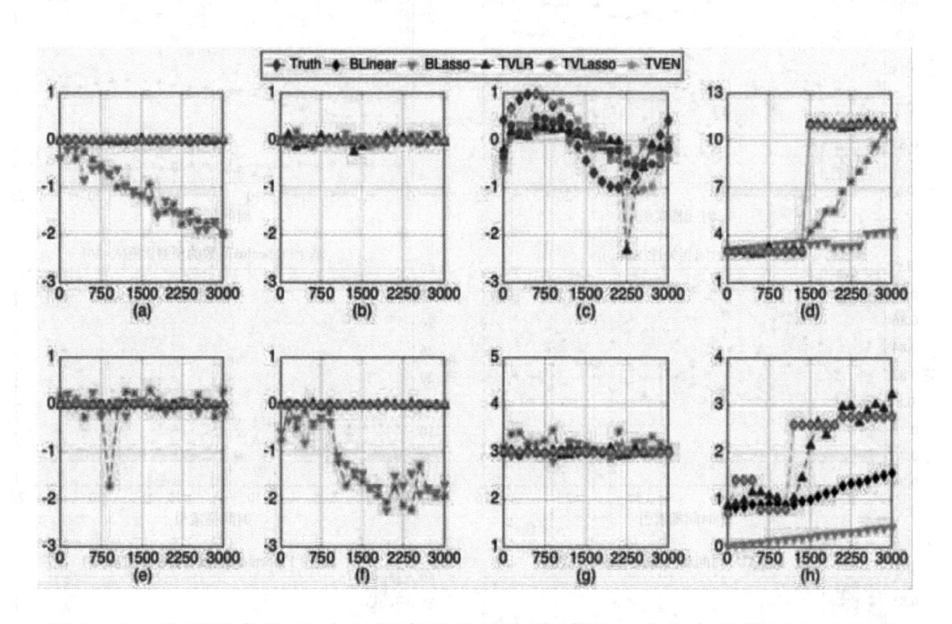

图 10-2 学习了来自 20 个时间序列的时间相关性，并从中选择了 8 个系数进行演示。图(a)(b)(e)(f)显示带有零值的系数，图(c)(d)(g)(h)分别显示具有周期性变化、分段常数、常数和随机游走的系数

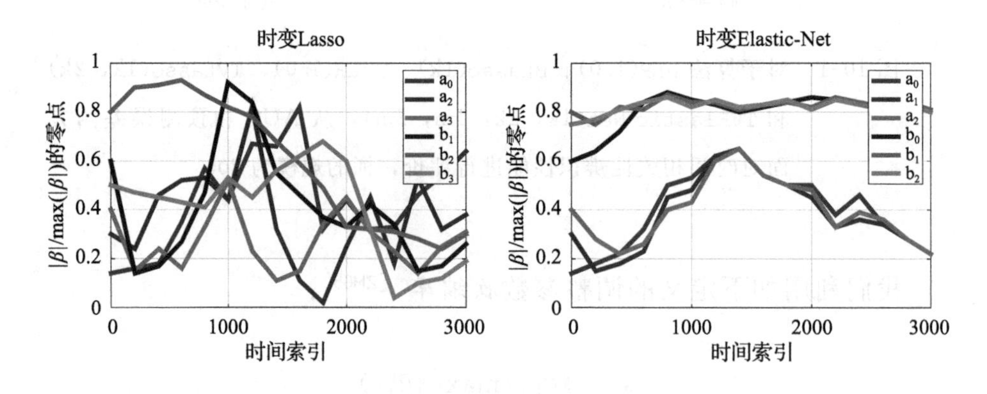

图 10-3 算法 TVLasso 和 TVEN 的零点 s 随时间的变化。对于 TVLasso，惩罚参数 $\lambda_1=\lambda_2=1000$；对于 TVEN，$\lambda_{11}=\lambda_{12}=\lambda_{21}=\lambda_{22}=1000$

根据收缩率 s 的定义，(1)变量 α 的一个零点代表变量 α 与因变量之间有很强的相关性，(2)分组变量具有更相近的零点。但是 s 是

[ZH05]中的固定结果。在这里，我们展示了零点随时间的动态变化。

图 10-3 记录了由算法 TVLasso 和 TVEN 所计算出具有非零系数的所有变量的零点。从结果可以肯定地说，仅有 Lasso 正则化无法分辨分组变量；而我们提出的粘性网正则化方法是可以分辨的。

10.4.4　气候数据与实验

本节将对现实世界气候数据进行实验，并展示相应的实验结果与分析。

数据源和预处理

MTS 数据记录了全球每个网格从 1948 年至 2017 年的月地面气温，全球表面均分为 360×720 网格(每个网格为 0.5°纬度×0.5°经度)。

本章仅关注美国佛罗里达东部地区，能够提取 1948 年 1 月至 2016 年 12 月的完整月度气温数据，共提取 46 个连续的陆地网格。每个网格数据均视为一个时间序列 $\boldsymbol{y}$，因此多元时间序列 K 的个数为 46，时间序列 T 的总长度为 828。对所有网格数据集进行归一化处理。

时空总体评价

为了说明本章所提算法对现实世界气候数据的有效性，我们进行了相应实验，从时空的角度检查了算法的预测性能。

图 10-4 显示了佛罗里达东部总共 46 个网格上归一化气温的平均预测值，其中所有的算法基本参数都设置为 $K=46$，$T=828$，$L=1$，$s=0.85$，$\mu=0$，$\sigma^2=1$。如图 10-4 所示，本章所提算法在预测能力方面优于其他基准算法。

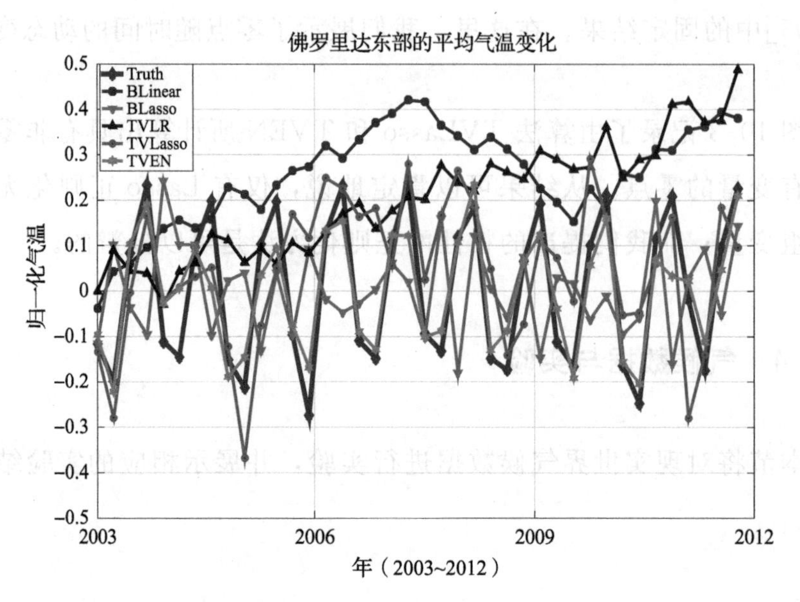

图 10-4 佛罗里达东部总共 46 个网格归一化气温的平均预测值

分组效果

本部分进一步对 11 个连续网格（上述 46 个点的子集）的数据进行实验，以说明我们的算法在识别相互关联性的分组位置方面的能力。不同于对全球或整个美国的数据进行关联性分析[LLNM+09, Cas16]，我们忽略了其他远距离地区天气的影响，这是因为它们对 11 个实验区域[KKR+13]这个相对较小的区域来说是微不足道的。我们分析了 11 个位置对两个位置（81.25°W，27.25°N）和（81.75°W，30.25°N）的关联矩阵，以显示这些位置气温的分组效果。

图 10-5 分别显示了两个目标位置（黑点）的实验结果。通过调整收缩率 s，11 个位置分成 4 组，其中同一组中的位置用相同颜色显示。如图 10-5 所示，对于两个目标位置而言，黑色的位置，即自身，从 $t-1$ 时刻到 t 时刻对估计目标位置的气温具有最显著的相关性；相对较近的绿色和蓝色位置相比于红色位置，对预测目标位置气温具有更大的影响力。

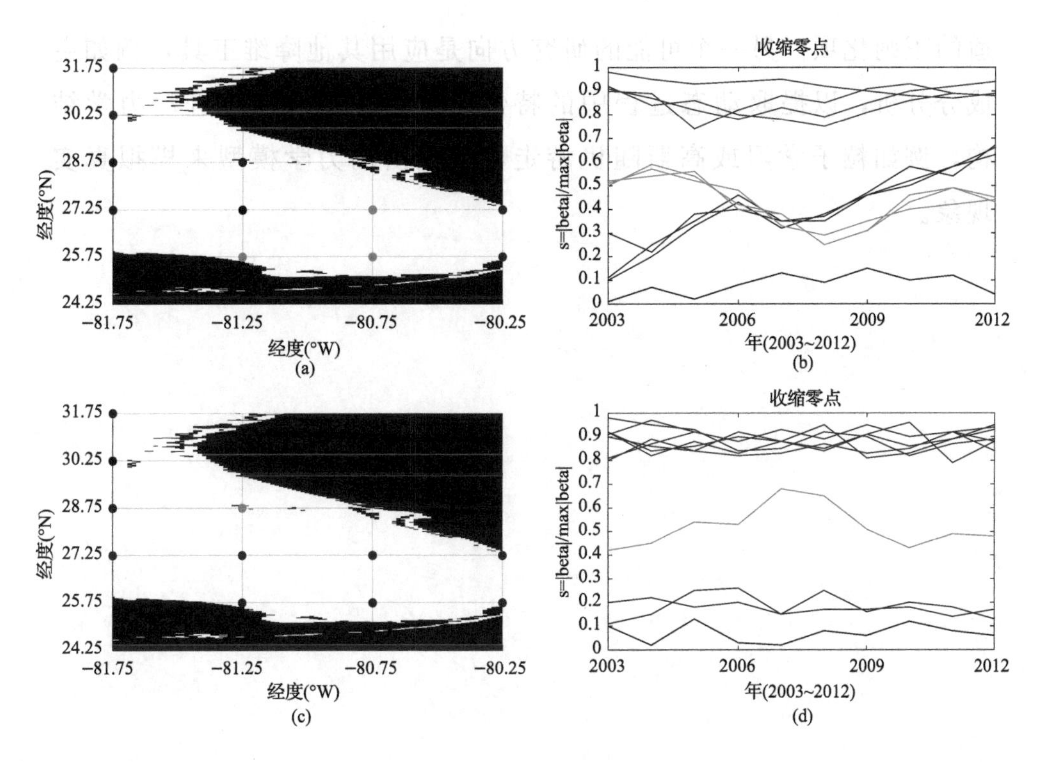

图 10-5　两个目标位置的气温随时间变化的组关联性。图(a)和(c)表示地理位置，目标位置为黑色。图(b)和(d)分别显示了两个目标位置的零点图

本实验中学到的时空关联结构与领域专业知识非常一致，这表明我们的模型能够为 MTS 数据提供非常有意义的帮助。

10.5　小结与展望

本章提出了一种具有在线贝叶斯更新的 VAR 粘性网新模型，该模型同时考虑了 MTS 之间的稳定稀疏性和组选择，实现了粒子学习的自适应推理策略。对 MTS 合成数据和实际 MTS 数据进行的大量实验研究证明了该方法的有效性和效率。

在 MTS 随时间变化的时间关联性的发现过程中，正则化项的选择至关重要，一个可能的研究方向是为不同的 MTS 在线自动设置合

适的正则化项。另一个可能的研究方向是应用其他降维工具，例如主成分分析，以提取动态过程中的特性。最后，还可以改进动力学结构，例如粒子学习或高斯随机游走，以提出动力学模型来模拟真实现象。

后　记

如今在国家安全和防御以及政府、商业或私人业务中每一笔交易的各个方面，机器学习与嵌入式人工智能在维护信息安全方面比以往任何时候都要重要。信息是每一笔商业交易和风险管理的命脉，这些风险往往来自对这些信息的使用、处理、存储、分析和传播的过程，以及目前依赖的庞大的"大数据"分析系统是处理和支撑现代社会信息流动的关键部分。随着各种设备的增加和互联网的普及，特别是物联网的蓬勃发展，巨大的风险将继续显现。系统和流程的任何中断都可能导致企业甚至国家出现经济问题。

本书代表了作者以及合作者们在机器学习数学层面的主要贡献。本书所描述的是目前机器学习以及相关人工智能领域的情况，提出的算法旨在求解凸优化问题中的局部最小值，并且从牛顿第二定律中求解出无摩擦的全局最优解。我们相信已经提供了一个可靠的理论框架，并且在此基础上可以进行进一步的分析和研究。我们希望这本书能对你有所帮助，帮助你识别和解决机器学习、人工智能、深度神经网络以及众多新兴领域中存在的问题。通过重点介绍一些目前流行的算法，并且展示了新的 CoCoSSC 算法来解决含有噪声的子空间聚类问题，本书提出了我们认为比当前方法更显著性的改进和更鲁棒的解决方案，数值形式结果证实了这一新方法的有效性和运行效率，并且希望该方法可以成为一些有相关需求的领域进行业务加强的跳板。更重要的是，我们希望这个新方法能让研究人员对这项工作有更深入的了解，并且把这项工作推向下一个阶段。

参考文献

[AAB+17] N. Agarwal, Z. Allen-Zhu, B. Bullins, E. Hazan, T. Ma, Finding approximate local minima faster than gradient descent, in *STOC* (2017), pp. 1195–1199. http://arxiv.org/abs/1611.01146

[AAZB+17] N. Agarwal, Z. Allen-Zhu, B. Bullins, E. Hazan, T. Ma, Finding approximate local minima faster than gradient descent, in *Proceedings of the 49th Annual ACM SIGACT Symposium on Theory of Computing* (ACM, New York, 2017), pp. 1195–1199

[AG16] A. Anandkumar, R. Ge, Efficient approaches for escaping higher order saddle points in non-convex optimization, in *Conference on Learning Theory* (2016), pp. 81–102. arXiv preprint arXiv:1602.05908

[ALA07] A. Arnold, Y. Liu, N. Abe, Temporal causal modeling with graphical granger methods, in *Proceedings of the 13th ACM SIGKDD International Conference on Knowledge Discovery and Data Mining* (ACM, New York, 2007), pp. 66–75

[B+15] S. Bubeck, Convex optimization: algorithms and complexity. Found. Trends in Mach. Learn. **8**(3–4), 231–357 (2015)

[BBW+90] F.P. Bretherton, K. Bryan, J.D. Woods et al., Time-dependent greenhouse-gas-induced climate change. Clim. Change IPCC Sci. Assess. **1990**, 173–194 (1990)

[BJ03] R. Basri, D. Jacobs, Lambertian reflectance and linear subspaces. IEEE Trans. Pattern Anal. Mach. Intell. **25**(2), 218–233 (2003)

[BJRL15] G.E.P. Box, G.M. Jenkins, G.C. Reinsel, G.M. Ljung, *Time Series Analysis: Forecasting and Control* (Wiley, London, 2015)

[BL12] M.T. Bahadori, Y. Liu, On causality inference in time series, in *AAAI Fall Symposium: Discovery Informatics* (2012)

[BL13] M.T. Bahadori, Y. Liu, An examination of practical granger causality inference, in *Proceedings of the 2013 SIAM International Conference on data Mining* (SIAM, 2013), pp. 467–475

[BLE17] S. Bubeck, Y.T. Lee, R. Eldan, Kernel-based methods for bandit convex optimization, in *Proceedings of the 49th Annual ACM SIGACT Symposium on Theory of Computing* (ACM, New York, 2017), pp. 72–85

[BM00] P.S. Bradley, O.L. Mangasarian, *K*-plane clustering. J. Global Optim. **16**(1), 23–32 (2000)

[BNS16] S. Bhojanapalli, B. Neyshabur, N. Srebro, Global optimality of local search for low rank matrix recovery, in *Advances in Neural Information Processing Systems* (2016), pp. 3873–3881

[BPC+11] S. Boyd, N. Parikh, E. Chu, B. Peleato, J. Eckstein, Distributed optimization and statistical learning via the alternating direction method of multipliers. Found. Trends Mach. Learn. **3**(1), 1–122 (2011)

[BT09] A. Beck, M. Teboulle, A fast iterative shrinkage-thresholding algorithm for linear inverse problems. SIAM J. Imag. Sci. **2**(1), 183–202 (2009)

[BV04] S. Boyd, L. Vandenberghe, *Convex Optimization* (Cambridge University Press, Cambridge, 2004)

[Cas16] S. Castruccio, Assessing the spatio-temporal structure of annual and seasonal surface temperature for CMIP5 and reanalysis. Spatial Stat. **18**, 179–193 (2016)

[CD16] Y. Carmon, J.C. Duchi, Gradient descent efficiently finds the cubic-regularized non-convex Newton step. arXiv preprint arXiv:1612.00547 (2016)

[CDG00] B. Carpentieri, I.S. Duff, L. Giraud, Sparse pattern selection strategies for robust frobenius-norm minimization preconditioners in electromagnetism. Numer. Linear Algebr. Appl. **7**(7–8), 667–685 (2000)

[CDHS16] Y. Carmon, J.C. Duchi, O. Hinder, A. Sidford, Accelerated methods for non-convex optimization. arXiv preprint arXiv:1611.00756 (2016)

[CJLP10] C.M. Carvalho, M.S. Johannes, H.F. Lopes, N.G. Polson, Particle learning and smoothing. Stat. Sci. **25**, 88–106 (2010)

[CJW17] Z. Charles, A. Jalali, R. Willett, Sparse subspace clustering with missing and corrupted data. arXiv preprint: arXiv:1707.02461 (2017)

[CK98] J. Costeira, T. Kanade, A multibody factorization method for independently moving objects. Int. J. Comput. Vis. **29**(3), 159–179 (1998)

[CLLC10] X. Chen, Y. Liu, H. Liu, J.G. Carbonell, Learning spatial-temporal varying graphs with applications to climate data analysis, in *AAAI* (2010)

[CR09] E.J. Candès, B. Recht, Exact matrix completion via convex optimization. Found. Comput. Math. **9**(6), 717–772 (2009)

[CRS14] F.E. Curtis, D.P. Robinson, M. Samadi, A trust region algorithm with a worst-case iteration complexity of $O(\epsilon^{-3/2})$ for nonconvex optimization. Math. Program. **162**(1–2), 1–32 (2014)

[CT05] E.J. Candes, T. Tao, Decoding by linear programming. IEEE Trans. Inf. Theory **51**(12), 4203–4215 (2005)

[CT07] E. Candes, T. Tao, The Dantzig selector: statistical estimation when p is much larger than n. Ann. Stat. **35**(6), 2313–2351 (2007)

[DGA00] A. Doucet, S. Godsill, C. Andrieu, On sequential Monte Carlo sampling methods for bayesian filtering. Stat. Comput. **10**(3), 197–208 (2000)

[DJL$^+$17] S.S. Du, C. Jin, J.D. Lee, M.I. Jordan, B. Poczos, A. Singh, Gradient descent can take exponential time to escape saddle points, in *Proceedings of Advances in Neural Information Processing Systems (NIPS)* (2017), pp. 1067–1077

[DKZ$^+$03] P.M. Djuric, J.H. Kotecha, J. Zhang, Y. Huang, T. Ghirmai, M.F. Bugallo, J. Miguez, Particle filtering. IEEE Signal Process. Mag. **20**(5), 19–38 (2003)

[DZ17] A. Datta, H. Zou, Cocolasso for high-dimensional error-in-variables regression. Ann. Stat. **45**(6), 2400–2426 (2017)

[EBN12] B. Eriksson, L. Balzano, R. Nowak, High rank matrix completion, in *Artificial Intelligence and Statistics* (2012), pp. 373–381

[Eic06] M. Eichler, Graphical modelling of multivariate time series with latent variables. Preprint, Universiteit Maastricht (2006)

[EV13] E. Elhamifar, R. Vidal, Sparse subspace clustering: algorithm, theory, and applications. IEEE Trans. Pattern Anal. Mach. Intell. **35**(11), 2765–2781 (2013)

[FKM05] A.D. Flaxman, A.T. Kalai, H.B. McMahan, Online convex optimization in the bandit setting: gradient descent without a gradient, in *Proceedings of the Sixteenth Annual ACM-SIAM Symposium on Discrete Algorithms* (Society for Industrial and Applied Mathematics, Philadelphia, 2005), pp. 385–394

[FM83] E.B. Fowlkes, C.L. Mallows, A method for comparing two hierarchical clusterings. J. Am. Stat. Assoc. **78**(383), 553–569 (1983)

[GHJY15] R. Ge, F. Huang, C. Jin, Y. Yuan, Escaping from saddle points—online stochastic gradient for tensor decomposition, in *Proceedings of the 28th Conference on Learning Theory* (2015), pp. 797–842

[GJZ17] R. Ge, C. Jin, Y. Zheng, No spurious local minima in nonconvex low rank problems: a unified geometric analysis, in *Proceedings of the 34th International Conference on Machine Learning* (2017), pp. 1233–1242

[GLM16] R. Ge, J.D. Lee, T. Ma, Matrix completion has no spurious local minimum, in *Advances in Neural Information Processing Systems* (2016), pp. 2973–2981

[GM74] P.E. Gill, W. Murray, Newton-type methods for unconstrained and linearly constrained optimization. Math. Program. **7**(1), 311–350 (1974)

[Gra69] C.W.J. Granger, Investigating causal relations by econometric models and cross-spectral methods. Econometrica **37**(3), 424–438 (1969)

[Gra80] C.W.J. Granger, Testing for causality: a personal viewpoint. J. Econ. Dyn. Control. **2**, 329–352 (1980)

[Ham94] J.D. Hamilton, *Time Series Analysis*, vol. 2 (Princeton University Press, Princeton, 1994)

[Har71] P. Hartman, The stable manifold of a point of a hyperbolic map of a banach space. J. Differ. Equ. **9**(2), 360–379 (1971)

[Har82] P. Hartman, *Ordinary Differential Equations, Classics in Applied Mathematics*, vol. 38 (Society for Industrial and Applied Mathematics (SIAM), Philadelphia, 2002). Corrected reprint of the second (1982) edition 1982

[Har90] A.C. Harvey, *Forecasting, Structural Time Series Models and the Kalman Filter* (Cambridge University Press, Cambridge, 1990)

[HB15] R. Heckel, H. Bölcskei, Robust subspace clustering via thresholding. IEEE Trans. Inf. Theory **61**(11), 6320–6342 (2015)

[Hec98] D. Heckerman, A tutorial on learning with bayesian networks. Learning in Graphical Models (Springer, Berlin, 1998), pp. 301–354

[HL14] E. Hazan, K. Levy, Bandit convex optimization: towards tight bounds, in *Advances in Neural Information Processing Systems* (2014), pp. 784–792

[HMR16] M. Hardt, T. Ma, B. Recht, Gradient descent learns linear dynamical systems. arXiv preprint arXiv:1609.05191 (2016)

[HTB17] R. Heckel, M. Tschannen, H. Bölcskei, Dimensionality-reduced subspace clustering. Inf. Inference: A J. IMA **6**(3), 246–283 (2017)

[JCSX11] A. Jalali, Y. Chen, S. Sanghavi, H. Xu, *Clustering Partially Observed Graphs Via Convex Optimization* (ICML, 2011)

[JGN+17] C. Jin, R. Ge, P. Netrapalli, S.M. Kakade, M.I. Jordan, How to escape saddle points efficiently, in *Proceedings of the 34th International Conference on Machine Learning* (2017), pp. 1724–1732

[JHS+11] M. Joshi, E. Hawkins, R. Sutton, J. Lowe, D. Frame, Projections of when temperature change will exceed 2 [deg] c above pre-industrial levels. Nat. Clim. Change **1**(8), 407–412 (2011)

[JNJ17] C. Jin, P. Netrapalli, M.I. Jordan, Accelerated gradient descent escapes saddle points faster than gradient descent. arXiv preprint arXiv:1711.10456 (2017)

[JYG+03] R. Jansen, H. Yu, D. Greenbaum, Y. Kluger, N.J. Krogan, S. Chung, A. Emili, M. Snyder, J.F. Greenblatt, M. Gerstein, A bayesian networks approach for predicting protein–protein interactions from genomic data. Science **302**(5644), 449–453 (2003)

[KKR+13] W. Kleiber, R.W. Katz, B. Rajagopalan et al., Daily minimum and maximum temperature simulation over complex terrain. Ann. Appl. Stat. **7**(1), 588–612 (2013)

[KMO10] R.H. Keshavan, A. Montanari, S. Oh, Matrix completion from a few entries. IEEE Trans. Inf. Theory **56**(6), 2980–2998 (2010)

[LBL12] Y. Liu, T. Bahadori, H. Li, Sparse-GEV: sparse latent space model for multivariate extreme value time serie modeling. arXiv preprint arXiv:1206.4685 (2012)

[LKJ09] Y. Liu, J.R. Kalagnanam, O. Johnsen, Learning dynamic temporal graphs for oil-production equipment monitoring system, in *Proceedings of the 15th ACM SIGKDD International Conference on Knowledge Discovery and Data Mining* (ACM, New York, 2009), pp. 1225–1234

[LL+10] Q. Li, N. Lin, The Bayesian elastic net. Bayesian Anal. **5**(1), 151–170 (2010)

[LLNM+09] A.C. Lozano, H. Li, A. Niculescu-Mizil, Y. Liu, C. Perlich, J. Hosking, N. Abe, Spatial-temporal causal modeling for climate change attribution, in *Proceedings of the 15th ACM SIGKDD international conference on Knowledge discovery and data mining* (ACM, New York, 2009), pp. 587–596

[LLY+13] G. Liu, Z. Lin, S. Yan, J. Sun, Y. Yu, Y. Ma, Robust recovery of subspace structures by low-rank representation. IEEE Trans. Pattern Anal. Mach. Intell. **35**(1), 171–184 (2013)

[LNMLL10] Y. Liu, A. Niculescu-Mizil, A.C. Lozano, Y. Lu, Learning temporal causal graphs for relational time-series analysis, in *Proceedings of the 27th International Conference on Machine Learning (ICML-10)* (2010), pp. 687–694

[LPP+17] J.D. Lee, I. Panageas, G. Piliouras, M. Simchowitz, M.I. Jordan, B. Recht, First-order methods almost always avoid saddle points. arXiv preprint arXiv:1710.07406 (2017)

[LRP16] L. Lessard, B. Recht, A. Packard, Analysis and design of optimization algorithms via integral quadratic constraints. SIAM J. Optim. **26**(1), 57–95 (2016)

[LSJR16] J.D. Lee, M. Simchowitz, M.I. Jordan, B. Recht, Gradient descent only converges to minimizers, in *Conference on Learning Theory* (2016), pp. 1246–1257

[LWL+16] X. Li, Z. Wang, J. Lu, R. Arora, J. Haupt, H. Liu, T. Zhao, Symmetry, saddle points, and global geometry of nonconvex matrix factorization. arXiv preprint arXiv:1612.09296 (2016)

[LY+84] D.G. Luenberger, Y. Ye et al., *Linear and Nonlinear Programming*, vol. 2 (Springer, Berlin, 1984)

[LY17] M. Liu, T. Yang, On noisy negative curvature descent: competing with gradient descent for faster non-convex optimization. arXiv preprint arXiv:1709.08571 (2017)

[LZZ+16] T. Li, W. Zhou, C. Zeng, Q. Wang, Q. Zhou, D. Wang, J. Xu, Y. Huang, W. Wang, M. Zhang et al., DI-DAP: an efficient disaster information delivery and analysis platform in disaster management, in *Proceedings of the 25th ACM International on Conference on Information and Knowledge Management* (ACM, New York, 2016), pp. 1593–1602

[MDHW07] Y. Ma, H. Derksen, W. Hong, J. Wright, Segmentation of multivariate mixed data via lossy data coding and compression. IEEE Trans. Pattern Anal. Mach. Intell. **29**(9), 1546–1562 (2007)

[MS79] J.J. Moré, D.C. Sorensen, On the use of directions of negative curvature in a modified newton method. Math. Program. **16**(1), 1–20 (1979)

[Mur02] K.P. Murphy, Dynamic bayesian networks: representation, inference and learning, Ph.D. thesis, University of California, Berkeley, 2002

[Mur12] K.P. Murphy, *Machine Learning: A Probabilistic Perspective* (MIT Press, Cambridge, MA, 2012)

[Nes83] Y. Nesterov, *A Method of Solving a Convex Programming Problem with Convergence Rate o (1/k2)* Soviet Mathematics Doklady, vol. 27 (1983), pp. 372–376

[Nes13] Y. Nesterov, *Introductory Lectures on Convex Optimization: A Basic Course*, vol. 87 (Springer, Berlin, 2013)

[NH11] B. Nasihatkon, R. Hartley, Graph connectivity in sparse subspace clustering, in *CVPR* (IEEE, Piscataway, 2011)

[NN88] Y. Nesterov, A. Nemirovsky, A general approach to polynomial-time algorithms design for convex programming, Tech. report, Technical report, Centr. Econ. & Math. Inst., USSR Acad. Sci., Moscow, USSR, 1988

[NP06] Y. Nesterov, B.T. Polyak, Cubic regularization of newton method and its global performance. Math. Program. **108**(1), 177–205 (2006)

[OC15] B. O'Donoghue, E. Candès, Adaptive restart for accelerated gradient schemes. Found. Comput. Math. **15**(3), 715–732 (2015)

[OW17] M. O'Neill, S.J. Wright, Behavior of accelerated gradient methods near critical points of nonconvex problems. arXiv preprint arXiv:1706.07993 (2017)

[PCS14] D. Park, C. Caramanis, S. Sanghavi, Greedy subspace clustering, in *Advances in Neural Information Processing Systems* (2014), pp. 2753–2761

[Pem90] R. Pemantle, Nonconvergence to unstable points in urn models and stochastic approximations. Ann. Probab. **18**(2), 698–712 (1990)

[Per13] L. Perko, *Differential Equations and Dynamical Systems*, vol. 7 (Springer, Berlin, 2013)

[PKCS17] D. Park, A. Kyrillidis, C. Carmanis, S. Sanghavi, Non-square matrix sensing without spurious local minima via the Burer-Monteiro approach, in *Proceedings of the 20th International Conference on Artificial Intelligence and Statistics* (2017), pp. 65–74

[Pol64] B.T. Polyak, Some methods of speeding up the convergence of iteration methods. USSR Comput. Math. Math. Phys. **4**(5), 1–17 (1964)

[Pol87] B.T. Polyak, *Introduction to Optimization* (Translations series in mathematics and engineering) (Optimization Software, 1987)

[PP16] I. Panageas, G. Piliouras, Gradient descent only converges to minimizers: non-isolated critical points and invariant regions. arXiv preprint arXiv:1605.00405 (2016)

[QX15] C. Qu, H. Xu, Subspace clustering with irrelevant features via robust dantzig selector, in *Advances in Neural Information Processing Systems* (2015), pp. 757–765

[Rec11] B. Recht, A simpler approach to matrix completion. J. Mach. Learn. Res. **12**, 3413–3430 (2011)

[RHW+88] D.E. Rumelhart, G.E. Hinton, R.J. Williams et al., Learning representations by back-propagating errors. Cogn. Model. **5**(3), 1 (1988)

[RS15] V.K. Rohatgi, A.K.M.E. Saleh, *An Introduction to Probability and Statistics* (Wiley, London, 2015)

[RW17] C.W. Royer, S.J. Wright, Complexity analysis of second-order line-search algorithms for smooth nonconvex optimization. arXiv preprint arXiv:1706.03131 (2017)

[RZS+17] S.J. Reddi, M. Zaheer, S. Sra, B. Poczos, F. Bach, R. Salakhutdinov, A.J. Smola, A generic approach for escaping saddle points. arXiv preprint arXiv:1709.01434 (2017)

[SBC14] W. Su, S. Boyd, E. Candes, A differential equation for modeling Nesterov's accelerated gradient method: theory and insights, in *Advances in Neural Information Processing Systems* (2014), pp. 2510–2518

[SC12] M. Soltanolkotabi, E.J. Candes, A geometric analysis of subspace clustering with outliers. Ann. Stat. **40**(4), 2195–2238 (2012)

[SEC14] M. Soltanolkotabi, E. Elhamifar, E.J. Candes, Robust subspace clustering. Ann. Stat. **42**(2), 669–699 (2014)

[SHB16] Y. Shen, B. Han, E. Braverman, Stability of the elastic net estimator. J. Complexity **32**(1), 20–39 (2016)

[Shu13] M. Shub, *Global Stability of Dynamical Systems* (Springer, Berlin, 2013)

[SMDH13] I. Sutskever, J. Martens, G. Dahl, G. Hinton, On the importance of initialization and momentum in deep learning, in *International Conference on Machine Learning* (2013), pp. 1139–1147

[Sol14] M. Soltanolkotabi, Algorithms and theory for clustering and nonconvex quadratic programming. Ph.D. thesis, Stanford University, 2014

[SQW16] J. Sun, Q. Qu, J. Wright, A geometric analysis of phase retrieval, in *2016 IEEE International Symposium on Information Theory (ISIT)* (IEEE, Piscataway, 2016), pp. 2379–2383

[SQW17] J. Sun, Q. Qu, J. Wright, Complete dictionary recovery over the sphere I: overview and the geometric picture. IEEE Trans. Inf. Theory **63**(2), 853–884 (2017)

[TG17] P.A. Traganitis, G.B. Giannakis, Sketched subspace clustering. IEEE Trans. Signal Process. **66**(7), 1663–1675 (2017)

[Tib96] R. Tibshirani, Regression shrinkage and selection via the lasso. J. R. Stat. Soc. Ser. B Methodol. **58**(1), 267–288 (1996)

[TPGC] T. Park, G. Casella, The Bayesian Lasso. J. Am. Stat. Assoc. **103**(482), 681–686 (2008)

[Tse00] P. Tseng, Nearest q-flat to m points. J. Optim. Theory Appl. **105**(1), 249–252 (2000)

[TV17] M. Tsakiris, R. Vidal, Algebraic clustering of affine subspaces. IEEE Trans. Pattern Anal. Mach. Intell. **40**(2), 482–489 (2017)

[TV18] M.C. Tsakiris, R. Vidal, Theoretical analysis of sparse subspace clustering with missing entries. arXiv preprint arXiv:1801.00393 (2018)

[Vid11] R. Vidal, Subspace clustering. IEEE Signal Process. Mag. **28**(2), 52–68 (2011)

[VMS05] R. Vidal, Y. Ma, S. Sastry, Generalized principal component analysis (GPCA). IEEE Trans. Pattern Anal. Mach. Intell. **27**(12), 1945–1959 (2005)

[WN99] S. Wright, J. Nocedal, *Numerical Optimization*, vol. 35, 7th edn. (Springer, Berlin, 1999), pp. 67–68.

[WRJ16] A.C. Wilson, B. Recht, M.I. Jordan, A lyapunov analysis of momentum methods in optimization. arXiv preprint arXiv:1611.02635 (2016)

[WWBS17] Y. Wang, J. Wang, S. Balakrishnan, A. Singh, Rate optimal estimation and confidence intervals for high-dimensional regression with missing covariates. arXiv preprint arXiv:1702.02686 (2017)

[WWJ16] A. Wibisono, A.C. Wilson, M.I. Jordan, A variational perspective on accelerated methods in optimization. Proc. Nat. Acad. Sci. **113**(47), E7351–E7358 (2016)

[WWS15a] Y. Wang, Y.-X. Wang, A. Singh, A deterministic analysis of noisy sparse subspace clustering for dimensionality-reduced data, in *International Conference on Machine Learning* (2015), pp. 1422–1431

[WWS15b] Y. Wang, Y.-X. Wang, A. Singh, Differentially private subspace clustering, in *Advances in Neural Information Processing Systems* (2015), pp. 1000–1008

[WWS16] Y. Wang, Y.-X. Wang, A. Singh, Graph connectivity in noisy sparse subspace clustering, in *Artificial Intelligence and Statistics* (2016), pp. 538–546

[WX16] Y.-X. Wang, H. Xu, Noisy sparse subspace clustering. J. Mach. Learn. Res. **17**(12), 1–41 (2016)

[YP06] J. Yan, M. Pollefeys, A general framework for motion segmentation: independent, articulated, rigid, non-rigid, degenerate and non-degenerate, in *European Conference on Computer Vision* (Springer, Berlin, 2006), pp. 94–106

[YRV15] C. Yang, D. Robinson, R. Vidal, Sparse subspace clustering with missing entries, in *International Conference on Machine Learning* (2015), pp. 2463–2472

[ZF09] C. Zou, J. Feng, Granger causality vs. dynamic bayesian network inference: a comparative study. BMC Bioinf. **10**(1), 122 (2009)

[ZFIM12] A. Zhang, N. Fawaz, S. Ioannidis, A. Montanari, Guess who rated this movie: identifying users through subspace clustering. arXiv preprint arXiv:1208.1544 (2012)

[ZH05] H. Zou, T. Hastie, Regularization and variable selection via the elastic net. J. R. Stat. Soc. Ser. B Stat Methodol. **67**(2), 301–320 (2005)

[ZWML16] C. Zeng, Q. Wang, S. Mokhtari, T. Li, Online context-aware recommendation with time varying multi-armed bandit, in *Proceedings of the 22nd ACM SIGKDD International Conference on Knowledge Discovery and Data Mining* (ACM, New York, 2016), pp. 2025–2034

[ZWW+16] C. Zeng, Q. Wang, W. Wang, T. Li, L. Shwartz, Online inference for time-varying temporal dependency discovery from time series, in *2016 IEEE International Conference on Big Data (Big Data)* (IEEE, Piscataway, 2016), pp. 1281–1290

推荐阅读

模式识别：数据质量视角

作者：W. 霍曼达 等 ISBN：978-7-111-64675-4 定价：79.00元

深度强化学习：学术前沿与实战应用

作者：刘驰 等 ISBN：978-7-111-64664-8 定价：99.00元

对抗机器学习：机器学习系统中的攻击和防御

作者：Y. 沃罗贝基克 等 ISBN：978-7-111-64304-3 定价：69.00元

数据流机器学习：MOA实例

作者：A. 比费特 等 ISBN：978-7-111-64139-1 定价：79.00元

R语言机器学习（原书第2版）

作者：K. 拉玛苏布兰马尼安 等 ISBN：978-7-111-64104-9 定价：119.00元

终身机器学习（原书第2版）

作者：陈志源 等 ISBN：978-7-111-63212-2 定价：79.00元

推荐阅读

线性代数高级教程：矩阵理论及应用

作者：Stephan Ramon Garcia 等 ISBN：978-7-111-64004-2 定价：99.00元

矩阵分析（原书第2版）

作者：Roger A. Horn 等 ISBN：978-7-111-47754-9 定价：119.00元

代数（原书第2版）

作者：Michael Artin ISBN：978-7-111-48212-3 定价：79.00元

概率与计算：算法与数据分析中的随机化和概率技术（原书第2版）

作者：Michael Mitzenmacher 等 ISBN：978-7-111-64411-8 定价：99.00元